# 外星生命大揭密

陳松齡 著

｜序言｜

# 《外星生命大揭密》書序

外星人的現象是個嚴肅的議題，特別是對今天的人類社會而言。這個嚴肅性，已經不僅僅在於考究有無外星人的存在，而是在於認識外星人對人類社會的龐大影響，以及它們對人類的真正企圖。今天在博大出版社的不懈努力下，《外星生命大揭密》一書有幸出版了，可以系統的告訴讀者外星人來地球的歷史脈絡、重要的外星人事件、陸續發現的相關證據，以及近來出現對外星人指證歷歷的「高級」證人。

對好奇的庶民而言，外星人的現象可能只是一個熱門的八卦題材，但他們還是要問，外星人是來幫助人類的？還是來佔領的？既然科技能力遠高於人類，為何不直接公開做，卻要在背後神祕兮兮、拖拖拉拉的做呢？

要找到這些問題的答案，哪怕用我們最尖端的科技，也難得其解，畢竟「技」不如人嘛！但是「人外有人，天外有天」，外星人也只是與人類層次相近的生命，如果我們能夠突破生命的層次，應該會有機會了解外星人的真相。

這是一個重要的探索方向，那麼該如何突破層次呢？當然就要從修煉下手了。幸運的是，我們確實可以找到修煉人對外星人的觀察報導，並且還能找到若干有能力觀察外星人現象的修煉人。附錄所收錄的〈地球前世的大劫局〉，即是筆者在 2010 年採訪一位修煉人的輪迴經歷所編寫的文章，於同年 11 月 14 日在正見網首度刊登（註：最初以〈地球前世的大結局〉為題發表），並於當年的「未來科學與文化講座」首度以影片形式發表。令人驚訝的是，幾位不同的修煉人竟然都可以看到前次地球最後的結局，雖然因輪迴經歷與天目層次的不同而有觀察細節的差異，但描述的內容沒有矛盾之處，反而還有互補之效。例如最後地球爆炸的畫面，故事主人翁看到的是「一道金光擊中地球，隨之而來的是猛烈的爆炸。再次睜開眼睛，眼前已一無所有」，再經過一番辛苦的旅程，又發現重造的地球。另一位修煉人看到的是地球瞬間炸開，解體成無數極微觀的粒子，又瞬間組成一個嶄新的地球。

因此，從修煉的角度來探索外星人的真相，是深具啟發意義的。《外星生命大揭密》一書，著重的即是這層啟發性，而非技術性的去驗證天目、特異功能。從前面的輪迴紀實中，我們可以對神、人類、外星人的差異有個基本認識，不至於將外星人混淆為神。其實，神透過不同人種的聖者，流傳給人文化，讓人知道神以其形象造人，讓人知道人的行為標準。更重要的，人可以修煉成神，外星人不行。也正因為有神在宏觀上保護著人類，外星人儘管有遠高於人類的科技，也無法為所欲為；但如果是人類自甘墮落，沒有人的觀念、沒有人的行為準則，人不成人，甚至切斷與神的聯繫，那就危險至極，因為神保護的是人。

如同地球前世的情況一樣，外星人可以讓表面物質文明一日千里，這樣結果很容易誘惑人，讓人願意接受、相信它們實證科學的觀念，以及背後精心設計的理論。今天我們在檯面上判斷事物的標準，不就是實證科學？行惡只要不被發現，又如何？看不到、摸不著、測量不到的神在哪裡？東西方的聖者——釋迦牟尼、耶穌、老子、孔子，在實證思維的檢驗下（應懷疑者要求，架好照相機後，請耶穌再復活一次？！），他們的法理還能流傳至今嗎？現在的教科書教我們，人是從不是生物的物質，逐步演化成人的。這些觀念與理論，不就是在切斷神與人的聯繫？表面物質環境飛快的進步，代價卻是生態的浩劫、物慾橫流、人心的墮落與道德的敗壞。當人不成人時，沒有神的保護，外星人侵佔人體似乎也是水到渠成的事。這是一項至關重要的觀察——外星人改變了我們，而且還準備取代我們人類！

好在《外星生命大揭密》要出版了，這意謂著——人類的覺醒。外星人沒轍了！

許凱雄於宜蘭大學生物機電工程學系

2017 年 3 月

| 作者序 |

# 外星生命與人類未來

外星生命千真萬確的存在。他們以不同的形態或面貌存在，可能是大眼灰身，可能是蜥蜴般的擄人怪物，可能是俊男美女，也可能是高智慧的「人生導師」，甚至可能依附人身並以思維傳感來控制人體。關於外星生命的謎底一項項揭開。不論有多少人嘲笑否定、諱莫如深、或是存而不論，越來越多的證據出現，他們正影響著人類的科技、生活，與未來……。

「外星人不是只坐在天上的飛碟裡神出鬼沒，只在綁架人類或牛隻時偶爾詭異的現身嗎？」如果你這樣想就錯了。前美國中情局 (CIA) 情報員愛德華．史諾登 (Edward Snowden)，於 2014 年爆出最大的驚世駭聞，那就是早在 1945 年起，美國政府就與外星人合作，任由其主導美國國內與國際政策。

2009 年，是阿波羅 11 號登陸月球 40 周年紀念。一位名安德魯・柴金 (Andrew Chainkin)，被譽為當代「記載太空歷史最好的作者」，訪問了 24 位曾經登陸或進行月球探測的太空人，出版一本名為《來自月球異樣的聲音》(Voice from the Moon) 的書籍，細述令人震驚的事實，揭露一項流傳 40 年的祕密：所有的太空人都曾經在執行任務時，有與外星生命或智慧接觸的體驗。

不論你嗤之以鼻或是深信不疑，外星人都已經對我們的世界產生影響。早在 1978 年的聯合國大會，就以正式文案提議設立一個機構，專責不明飛行物及有關現象的研究，定期發布所獲得的成果。1992 年開始，聯合國一般大會結束後，由附設的 SEAT（Society of Transformation and Enlightenment，啟蒙與蛻變學會）委員會，召開 UFO 研討會，並持續研究諸如麥田圈、外星人綁架人類事件，以及透過與宇宙高等生命思維傳感的方式溝通。時至今日，這個組織已然變成一個類似宗教信仰外星靈體的機構。他們將其所傳播的訊息當成真理、預言與課程般認真研讀。

外星生命智慧影響強權與世界的事件不僅發生在電影裡，現實生活中也時有所聞：如 2012 年美國國防部前顧問提摩西・古德 (Timothy Good) 爆料美國前總統艾森豪

(Dwight D. Eisenhower) 密會外星人、2014 年 8 月，一名頂尖的太空科學家布希曼 (Boyd Bushman) 辭世，臨終前接受一段採訪的錄影，在網上被瘋狂點閱：飛碟是千真萬確的存在，許多來自外星系的外星人，目前正在為美國政府工作，其中一位外星人有 230 歲；他的主要工作便是「把外星科學家的科技轉變為美國軍事用途」。各國政要如前加拿大國防部長保羅．赫勒 (Paul Hellyer)、前俄羅斯總理梅德韋傑夫 (Dmitry MedVedev)，都曾在訪問中大膽爆料、親口證實外星人的存在，而在檢視過這些資料以後，最鐵齒的人也要認真思索，這些事件已經不是「有沒有」、「真或假」的問題；而是「他們目的何在」、「人類何去何從」？

任何人靜下心來觀察人類目前的生活，物欲橫流、道德淪喪、生態崩壞、科技末路……各方面的每下愈況，幾乎所有智者都會承認，人類正逐漸走入一條不歸路的絕境。繼續下去，等待人類的只有毀滅一途。眾多先知先覺者，在難抵狂瀾下，似乎只能苦苦等待奇蹟，或是寄託於久遠以來各個神話中所預言的救世主的降臨。然而此際，外星生命與諸多訊息史無前例的大規模曝光，意義何在？他們是妖是魔？是偽神或是救贖？智者又該如何看待？

當偽神無所遁形之際，就是真知與正道即將彰顯的前兆。這是一本截然不同於您所知道的，關於外星生命大揭密、人類何去何從的重要抉擇。歡迎您翻閱本書，深入瞭解人類與宇宙的無窮奧祕。這是一趟諸神預言實現與破解的時代，也是過去與未來人都不會再有的壯麗之旅。我們何其有幸能躬逢其盛！歡迎您與我們同行。

陳松齡寫於台北
2016 年 12 月

# 目錄

# 第 *1* 章

# 外星人就在身邊

一位朋友走在路上，無意間聽到路過的爸爸一臉正經地對年約 10 歲兒子說：「現在不是有沒有外星人，而是外星人可能就在身邊喔！」還有友人議論時政時，在其臉書上留言：「外星人都快要移民來地球了，大家不去考慮這個，卻還在爭什麼藍綠問題啊！」表面上這些話語似乎有些杞人憂天，有危言聳聽之嫌；細察探究之下，卻不由令人暗暗心驚……。

## 1-1 從近期幾則新聞說起

關於外星生命的新聞信手可拾，並且不斷更新。尤其在訊息流通自由的今日，祕密幾乎無所遁形。最常見的，就是不明飛行物（Unidentified Flying Object，簡稱 UFO，又稱幽浮）出現的新聞：

2016 年 5 月 9 日，新唐人電視台網站報導：一個外星人觀察團體「保衛隊十號」(Secure Team10) 在 YouTube 上傳他們觀察 Google 地球（Google earth，一個與美國太空總署合作的非營利組織，可讓使用者觀看歷年至今探測月球表面、火星等影片）的一段影片，發現在理應萬物俱寂、黝黑靜止的月球的隕石坑中，卻有個詭異發亮的物體在坑中閃動數次後消失。

5 月 26 日，「保衛隊十號」再次公布一個月球表面疑似人工建築物的影片：5 根整齊、高矗在月球坑洞邊緣上的神祕柱狀物，儼然智慧生命所為，更舉證多次美國太空總署曾經拍到火星與月球表面的建築體，卻刻意隱瞞、模糊抹去的圖片。2016 年 6 月 1 日，觀眾更發現美國太空總署的衛星探測圖直播時，意外拍到馬蹄型的不明飛行物體，但其處理方式竟是匆忙斷訊！

智者哲人望向浩瀚星空，驚嘆宇宙無垠，總會對造化生起虔誠敬畏之心，或是疑思：「是否也有其他生命在另一端宇宙的星球上凝視著我？」——這個想法就要成真。

2015 年 7 月 23 日，美國太空總署 (NASA) 興奮宣布發現地球雙胞胎兄弟——克卜勒 452b(Kepler 452b)；這顆由岩石構成的行星繞行恆星的距離跟地球繞行太陽的距離相同，使它具備孕育生命的諸多條件。科學家表示，它可能跟我們一樣有活躍的火山運動、海洋和陽光。

9 月 28 日，美國太空署再次宣布，在火星上的最新研究發現，火星上存在隨著季節變化的鹽水，證明了這顆紅色的星球存在基本生命元素；發現外星生命的薄紗已近揭曉的最後一刻。

上述這些證實外星或有生命存在的消息，對於某些持續關注、研究，甚至長期接觸外星生命的人士而言，一點也不令人驚訝。近百年來，外星生命從未斷絕與地球的聯繫；最有名的例子，就是 2001 年，英國的麥田圈上，出現外星生命的回訊——相隔多年後，外星生命以一瞬間形成的麥田圈符號，準確、精密、無誤地修正並回應了1974年，美國太空總署從阿雷西博 (Areciba) 基地發射至外太空的訊息；堪稱外星生命存在並積極向地球人類展現的鐵證，我們將會在文後詳細介紹。

2014年5月21日，美國加州「搜尋地外文明計畫」（Search for Extraterrestrial Intelligence，簡稱 SETI）的資深天文學家蕭斯・塔克 (Seth Shostak) 在美國國會作證說，相信在20年內就可找到外星生命。他們使用全球最先進的無線電和光學望遠鏡，信誓旦旦地說：「在座之人有生之年都能看到這個結果」【1】。

其實，不用先進科技證明，外星生命在我們生活周遭存在，不但有跡可循，並且遠超乎一般人的想像。

前美國中情局 (CIA) 情報員、國安局 (NSA) 技術承包商雇員愛德華・史諾登 (Edward Snowden)，曾於2013年5月放棄一切，在香港揭露美國國安局的監聽世界計畫而一夕成名，遭到美國通緝，並獲得俄國難民庇護。2014年1月10日，根據伊朗半官方的「法爾斯新聞通訊社」(Fars News Agency) 報導，史諾登爆出最大的驚世駭聞，那就是美國政府早在1945年就與外星人合作，任由其主導美國國內與國際政策。史諾登洩露的這些文件內容，被記錄在俄羅斯聯邦安全局 (FSB) 的報告裡。據稱，報告中提供了無法反駁的證據，證明外星人（或外星智慧計畫），才是真正推動美國國內大小政策，和國際重要政策的幕後主使者。

法爾斯新聞通訊社進一步聲稱，上述說法獲得加拿大前國防部長保羅．赫勒 (Paul Hellyer) 的證實。這位已知是首位官方層級最高、因公開承認外星人而聲名大噪的 90 歲長者，曾任加拿大國防部長與交通部長；在獲得俄羅斯聯邦安全局許可，檢視了所有史諾登的文件後，證明所言不虛。

據英國《每日郵報》(Daily Mail) 報導，他在 2015 年 4 月接受加拿大卡爾加里大學 (University of Calgary) 一場名為「信息披露加拿大之旅」(Disclosure Canada Tour) 的巡迴演講，被國際媒體大肆報導。演講中赫勒言之鑿鑿：地球上共有 2 種到 12 種外星人，但也有人說有 80 種之多。大部分外星人對人類懷有善意，但是有些外星人的目的卻是邪惡的。

赫勒說：「幾千年來，有四種外星人不斷到訪地球。外星人中，有的像人類，也有的長得像大眾文化如漫畫中的生物形象⋯⋯。」赫勒還披露，外星人的技術遠遠超出我們人類，諸如 LED 燈、微晶片、凱芙拉合成纖維防彈衣 (Kevlar vest) 等產品，其實都是外星人傳給人的科技。

2014 年，赫勒對俄羅斯媒體《今日俄羅斯》(Russia

Today) 表示，外星人探訪地球已經有幾千年的歷史。他們來到我們地球的不同地方。有的外表和人類長得一樣，會經常在人們身邊走動，但是人無法分辨出來；有的長得就像電影或漫畫中的生物。赫勒描述外星人會偽裝。他打比方：「他們的雌性外星人穿著修女的服裝到拉斯維加斯購物，而不被人發現。」除了「高白人」，還有一種「小灰人」(Short Greys)，身高 150 公分，長著很細的胳膊、腿以及一個大頭。還有一種「北歐金髮外星人」(Nordic Blondes)，長得很像人類。他解釋，如果你見到這種外星人，你可能會想「這個人是不是來自丹麥或者北歐其他地方？」【2】

如此天方夜譚之說，乍聽之下很難相信，即使各大權威媒體轉載此一新聞，多半都當作茶餘飯後的笑談。然而對於研究不明飛行物 (UFO) 或外星人多年的學者或民眾來說，此一揭密卻是「鐵證如山」的結果。而這些祕密，已到了最後揭露的關鍵時刻。

2011 年，一個研究不明飛行物，名為「範式研究小組」(Paradigm Research Group) 的組織在白宮「We the People」的網站上提交請願書，要求美國總統歐巴馬正式承認確有外星人存在，短期內獲得 5 萬人請願簽名。然而白宮簡短回覆：美國政府沒有任何證據證明有其它星球存在生命，更無法證明外星生命曾與人類接觸，亦無可靠資訊說明此一資訊被官方隱瞞。於是 2013 年 4 月 29 到 5 月 3 日，發起人史蒂芬．巴西特 (Stephen Bassett) 在華盛頓的國家新聞俱樂部 (National Press Club)，召開史上最大的揭露 UFO 公民聽證會 (The Citizen Hearing On Disclosure)，集結了超過 40 名權威研究人員和來自軍方、政府機構的目擊證人，在六位前美國國會議員的面前宣誓作證所言屬實，透過網路直播，以英文、西班牙語、法語、阿拉伯文、中文，在網路直播上即時翻譯，舉證歷歷，就是要對抗官方長期以來防堵否認外星生命的態度。

這股風潮正在蔓延：據加拿大廣播公司 (CBC) 報導，2016 年 6 月 24 日至 26 日，UFO 國際研究調查團在加拿大安大略省南部布蘭特福德市 (Brantford) 的貝斯特韋斯特酒店 (Best Western Hotel)，召開第一次全國公眾 UFO 聽證會——「2016 宇宙外星人報告展覽會」(Alien Cosmic Expo)。

2013 年在華盛頓 DC 的國家新聞俱樂部 (National Press Club) 召開公民揭祕聽證會 ( 網絡圖片 )

大會的宗旨是要求各國政府和領導者公布外星人真相。【3】

諸如此類，由民間召開的研究外星人或公聽會愈演愈烈。最大原因之一，是「外星生命的確存在，已對我們生活造成影響」。他們主張有關外星人入侵的訊息多被政府或權貴掩蓋或操控，稍後您也會在書中看到這些難以否認的相關事實與論述。

對此議題有興趣的讀者，亦能在網路上發現成千上萬個研究外星、飛碟的專家學者，自稱本人能與外星人溝通，甚至自己即是外星人而發起的組織與團體，時常發表相關聲明與最新發展。由於此類訊息往往真假難辨，或遭有心人利用而來募款或詐騙，讓外星研究者或組織落得聲名狼藉的下場。例如一位名為史蒂芬・格里爾 (Steven Greer) 的醫師，在 2013 年集資拍攝一部名為《天狼星》的紀錄片，就聲稱自己能用心靈感應和外星人溝通、帶人上飛碟，鼓吹美國應該與外星人合作科技拯救地球，並且收取高額學費開班授徒。因此在瀏覽這些資料時，還真是要小心翼翼啊。不過，仍有許多難以造假的資料或證明引人深思，如以下這幾例……。

## 1-2 近年外星生命頻現為哪般

### 印度：非人造的飛行體

2012 年 11 月 6 日，根據《印度新聞信託社》(Press Trust of India) 報導，駐紮在中印邊界、靠近西藏的軍警部隊報告，過去3個月內，偵測到100多起不明飛行物事件。它們從中國升起，飛向印度，肉眼觀測 3 至 5 個小時後緩緩消失天際，不知去向。

經調查，這些飛行物絕不是中國軍機、飛機或無人偵測機。令人難解的是，印度軍方使用了可移動的地面雷達系統、光譜分析儀器探測器，結果發現，這些飛行體只能被肉眼看到，卻不能被探測到——這意謂，這些 UFO 並非金屬製成。目前人類的科技，哪一種飛行物體不由金屬製成呢？包括軍隊、國防發展與科學研究組織，都不能確認這些發光的飛行器究竟為何，印度官方坦承，此種情況「令人擔憂」。

### 中國神州九號升空：幽浮和火箭比快

2012 年 6 月 16 日，中國「神舟九號」火箭升空。在穿越大氣層、脫離整流罩時，卻被紅外線拍攝到上方有兩個快速飛行的光點，從相反方向，與神舟九號交錯而過。詭異的是那兩個小光點比火箭速度快上數倍，約 1 至 2 秒後便消失在畫面中。

到底這兩個發光物體是什麼東西？飛機、飛鳥、星光、太空垃圾，還是外星人的飛行船？能穿出大氣層、速度比火箭快，除了超越人類科技的生命，難有其他解釋。中國天文台研究員王思潮在接受《金陵晚報》採訪時坦言，他已將此一奇案列入 UFO 記錄。

## 近來頻繁出現的幽浮與船艦

幽浮既可以三三兩兩地出現，當然也會成群結隊地造訪。2011 年年初，日本《富士晚報》報導，一位風景攝影家田久保正拍下一群不明飛行物經過富士山頂的照片。本來以為是飛鳥經過的攝影家，圖片放大後，發現飛行物體積相當龐大，呈半圓形，且發著銀光。專家鑑定，很可能是一支外星艦隊。2011 年中，美國太空總署 NASA 公布觀察太陽的影片，拍攝到外星艦隊通過的影像，2012 年 4 月，還拍攝到一艘狀如手臂的大型航空母艦通過太陽表面影像，既不受高溫也不受太陽耀斑 (solar flare，太陽劇烈活動，相當於 10 萬至 100 萬次強火山爆發的總能量，伴隨著多種強烈輻射 ) 影響，都說明情況超乎人類想像。

2013 年最後一個月，世界各地拍到不明飛行物的新聞頻頻占據媒體版面。NASA 亦發布了堪稱清晰、近距離飛過太陽的太空星艦影像。

## 人類重大事件現場，飛碟頻頻出現

幽浮頻頻出現，幾成司空見慣。許多全球重大事件現場，往往驚現幽浮，專家甚至可以預測它的出現。

2011 年 3 月 11 日，日本發生可怕的海嘯與核輻射外洩事件，就在當日，拍攝到不明飛行物在空中飛行、從一個母艦中飛出數十個分艦，又合而為一的奇怪一幕。

2012 年全球盛事——倫敦奧林匹克運動會，7 月 27 日開幕前，專家尼克．珀普 (Nick Pope) 即準確「預言」，外星人將「出席」開幕式。連英國博彩公司也以玩笑性質的以 1 比 1000 賠率，賭幽浮出現機率。果然，在 7 月 27 日午夜時分，當東倫敦奧林匹克公園體育場的上空施放煙火時，觀眾拍攝到幽浮赫然穿梭其間。

2011 年 4 月，英國威廉王子與凱特王妃的婚禮前，美國一名退役空軍中校菲勒 (George Filer)，預言外星人將到訪。婚禮前夕，遊客果真拍到一架任意變換外形的不明飛行物體，在西敏寺大教堂上空盤旋近 30 分鐘，影片傳播上網後引發熱議。

2009 年 1 月，美國總統歐巴馬就職典禮上，也透過 CNN 的新聞鏡頭捕捉到一個高速移動的飛行物，在華盛頓紀念碑後一閃而過。由於鳥類不可能如此高速，當地亦是飛機禁飛區，咸認又是一樁不明飛行物的傑作。

依照外星生命超越人類的科技，完全可以隱身或玩弄人類於股掌之上，又何必驚動人類？許多人推測可能是窺伺、預謀，更可能是為了傳遞訊息。2010 年 10 月 13 日下午一點半，美國紐約 23 街與第八大道約 1500 公尺上空，驚現不明物體停留數小時，目擊的人不計其數，湧入紐約警局與聯邦航空局的電話響個不停。這起事件早有一位退役軍官預言，指出是外星人有意造成，目的是要地球人「做好準備，進行面對面接觸」。這些外星人為何而來？他們口中的「準備」到底意所何指？我們將會在第四章給讀者清楚的答案。

## 從掩蓋到正視 天翻地覆的變化

2009 年 11 月，梵蒂岡皇家科學研究院召開「外星生物學研究會」(Astrobiology Conference)。來自美、法、英、瑞士、義大利及智利的 30 位科學家，背景涵蓋天文、物理、生物以及其他專業領域，也包括非天主教徒，共同參與了這項會議，探討外星生命存在的可能性。這個研討會之所以震驚世人，是因為在 16 世紀，梵蒂岡處決了第一位承襲哥白尼學說，宣說地球以外尚有生命的科學家——義大利的焦耳達諾·布魯諾 (Giordano Bruno，1548~1600)，400 多年後，卻主動召開此一大會，無異立場倒置，難怪引起軒然大波。

2014 年 3 月，來自世界各地近 200 名科學家，在美國亞利桑那州圖森市召開了一場尋找外星人的科學研討會。而梵蒂岡天文台首次主持了這次非公開會議。這個研討會的名字是「尋求太陽系外的生命：系外行星、生物特徵和儀器」，重點討論如何利用現代科技手段在未來 20 年內找到外星人。此舉使人重新審視宗教與科學的關係，並感覺到時局明顯的變化。

2010 年美國出版的《飛碟：全國機密檔案大公開》(UFOs: Generals, pilots, and government officials go on the record)，是一名在各國刊物發表文章的調查作者賴斯林·琪恩 (Leslin Kean)，花了十年時間，走訪世界各地曾目睹飛碟的飛行員和將領，並挖掘研究許多曾被美國政府列為機密檔案的文件、飛行紀錄、雷達資料，且以科學方式分析拍到飛碟的底片。在白宮前幕僚長約翰·波德斯達 (John Podesta) 協助下，揭開美國政府數十年來掩蓋的飛碟真相。書中集結眾多具名將領、飛行員，以及政府官員現身說法，詳實將目擊飛碟的證詞整理出來，可說是完全證明了外星生命與其不可思議的存在。

書中呈現各國飛行軍官目擊幽浮的情況與調查報告，如這些飛行物有的呈現三角形、有的是圓盤、或是氣球狀。有巨大如航空母艦，也有小如直徑幾公尺的氣球。它們神出鬼沒、飛行速度打破航空動力學、機械學定律與科技的飛行技術，是最大特徵。因此，英國在幽浮調查上還有一項不成文規定：「攔截過程中，絕對不要想在飛行特技上贏過不明飛行物。」有的飛行物體目測時光芒耀眼，多達上千人清楚目擊；但照相攝影卻完全無法顯現。有的飛行物出現時可被雷達觀測，但大多數時間雷達都是失效的。有的飛行體會回應人的「招呼」，如曾有一位駕駛者對著幽浮閃了車燈兩次，其竟回應閃燈三次，並跟隨此車一段時間才離去，把車上乘客嚇得魂飛魄散……。有趣的是，不明飛行物似乎會依所遇對象採取不同行動，例如遇到客機時多半表現中立或不動聲色，倘若是戰機時則呈現尾隨、挑釁行為。如果飛行員接近或發動攻擊，儀器就停擺或失效。迄今

《飛碟：全國機密檔案大公開 》(UFOs: Generals, pilots, and government officials go on the record)

為止，成功向幽浮發射砲彈的，是一位祕魯空軍——胡塔斯 (Oscar Santa Maria Huertas) 司令官。

1980 年 4 月 11 日早晨，一個圓形如氣球的不明飛行物進入禁航的拉荷亞軍事重地，疑似間諜活動。於是胡塔斯受命駕駛蘇愷 -22 戰鬥機，對其轟擊出 64 發 30 釐米口徑的砲彈，結果發現龐大的砲彈彷彿被氣球吸收了，氣球毫髮無傷。此飛行物體不斷以高速或不可思議的飛行技巧閃躲胡塔斯的追擊，最後他只得在燃料將盡前返航。

胡塔斯不僅特別，並且非常幸運。因為飛行員在高空遇上不明飛行物，因驚慌而肇事，或因此失蹤的案件時有所聞，他卻能全身而返。

## 聯合國的研究

如果不是證據確鑿的話，匯集各國菁英，素以「謀求全人類福祉」為宗旨的聯合國，不會率先開啟外星研究與例行會議。根據聯合國報告指出，早在 1947 年起，約有 1.5 億人目擊幽浮事件，且有 2 萬份關於幽浮著陸的事件記錄在案。因此，早在 1978 年的聯合國大會，就以正式文案提議設立一個機構，專責不明飛行物及有關現象的研究，定期發布所獲得的成果。

1992 年開始，聯合國一般大會結束後，由附設的

SEAT（Society of Transformation and Enlightenment，啟蒙與蛻變學會）委員會，召開UFO研討會，並持續研究諸如麥田圈、外星人綁架人類事件，以及透過與宇宙高等生命思維傳感的方式溝通，來瞭解人類目前尚未能掌握的超自然現象。時至今日，難道他們沒有獲得任何重大進展？2010年9月，聯合國更傳出要將指派一名太空大使 (space ambassador)，負責與外星人接觸的業務，一時輿論大譁。雖然其後聯合國相關單位與授職者——馬來西亞籍天體物理學家馬茲蘭・奧絲曼女士 (Mazlan Othman)——雖皆鄭重宣布其職僅僅要求國際遵守太空章程的工作，但是有關聯合國高層與各國政府暗中掌握外星人資訊與科技，或者參與外星會議決定地球未來的消息，仍舊甚囂塵上。畢竟各國民間所掌握的資訊，超越各國官方透露的資訊太多。而這樣的訊息，是否與前述愛德華・史諾登的爆料，有不謀而合之處？

或許，當人類決定讓科技主宰未來歷史，讓物質進步凌駕心靈提升的那一刻，就註定割裂與背棄人最珍貴的本源與保護，面對宇宙中更為詭異複雜的不可知事物。就讓我們將時間倒退到50年前，那些擔任宇宙先鋒的太空人，是否見到什麼神祕難解的事物？

# 1-3 太空人證詞

2014 年 7 月，有位網友在使用「Google 地球」觀看月球地表的時候，竟在座標「27° 34'26.35"N」、「19° 36'4.75"W」處發現一個詭異的黑影，儼然是一個巨大的人形。照片中，該陰影不但有頭，還有瘦長的身體和四肢，與人類外型十分相似，瞬間引起瘋傳與熱議。【4】然而這則新聞，對半世紀以來親眼見識過外星生命的諸多太空人來說，或許早已見怪不怪吧……。

## 美國太空人的所見

早在 1961 年，俄國太空人加加林 (Yuri Gagurin) 成為首位成功在外太空環繞地球一周的太空人，以及 1969 年，美國登上月球壯舉的三位太空飛行員，連同許多飛行員，都曾因目睹外星生命而目瞪口呆。政府雖然三緘其口，絕大部分的人相信此種研究從未停止，甚至有人主張政府已與外星人有某種協議或共識。

1973 年，美國 NASA 首次公開登月任務結果。根據一份祕密聲明指出，所有 25 名參與阿波羅登月任務的太空人都曾在月球上空遭遇過不明飛行物。前登月計畫負責人韋赫・馮布朗 (Wernher von Braun，1912~1977)，一位備受敬重的德裔美籍火箭工程師，生前表示，數次登月任務都遭到某種地球以外的神祕力量監控。1979 年，NASA 前通訊主任莫里斯・查特連 (Maurice Chatelain) 則在退休後聲稱，太空人在月球上空和不明飛行物相遇是件「平常事」。他說：「所有飛船都曾在一定距離或極近距離內被不明飛行物跟蹤過，每當發生此事，太空人都會和任務中心聯絡」。然而當年這些訊息不是被忽視就是遭官方或輿論打壓。直到近幾年，這些被視為「荒謬笑談」的事實才又重出天日。

2009 年，是阿波羅 11 號登陸月球 40 周年紀念。一位被譽為當代「記載太空歷史最好的作者」——安德魯・柴金 (Andrew Chainkin)，出版了一本書。內容集結了 24 位曾經登陸或進行月球探測的外空人訪談，揭露一項流傳 40 年的祕密：早在阿姆斯壯 (Neil Alden Armstrong，1930~2012) 說出那一句「這是我的一小步」名言之前，小鷹號早已登陸 6 小時，卻因為遭遇巨大強光與不明飛行物體，暫停行動。這本名為《來自月球異樣的聲音》(Voice from the Moon) 的書籍，細述令人震驚的事實。

書中描述，當太空人正要踏上月球時，艾德林 (Buzz Aldrin) 突然大叫：「有強光，接觸到強光！」控制台回應呼叫：「那是什麼？任務控制台呼叫阿波羅 11 號。」阿姆斯壯即刻更換頻道，對控制中心說：「我想知道這兒到底發生什麼事。」控制台詢問：「怎麼了？什麼事不對勁嗎？」阿姆斯壯回答：「這些『寶貝』好巨大，先生……很多……噢，天呀！你無法置信，我告訴你，有其他的太空船在那裡……在遠處的環形坑邊緣排列著……『他們』在月球上注視著我們……。」

毫無疑問，那是屬於外星生命操作的飛行物，三位太空人都看得目瞪口呆。「虎視眈眈」下，他們只有停止登月行動。在雙方對峙六小時後，確認那些飛行物沒有進一步作為，阿姆斯壯才踏上月球表面。但是這些對話由於迅速切換到安全通訊頻道，不但無法被全世界聽到，也被美國太空總署否認。然而當時美國的休斯頓控制中心通訊主任莫里斯．查特連，就是負責當時阿波羅 11 號跟休斯頓中間的通話事務者，不但確實記錄下來，也在退休後證實了以上的對話。

《來自月球異樣的聲音》(Voice from the Moon)/ 安德魯．柴金 (Andrew Chainkin)

幾乎所有太空人都曾見過不明飛行物。阿波羅 12 號太空人康拉德 (Charles Pete Conrad, Jr.) 和賓 (Alan LaVern Bean) 在 1969 年 11 月 20 日登上月球時也有類似遭遇，1971 年 8 月阿波羅 15 號、1972 年 4 月阿波羅 16 號、1972 年 12 月阿波羅 17 號等等的太空人，都在登陸月球時見過不明飛行物。第 9 位登月的太空人約翰·楊格 (John Watts Young) 則說：「如果你不信，就好像不相信一件確定的事實。」

第 6 位登月的太空人艾德格 (Edgar Dean Mitchell)，在外太空停留最久的紀錄保持者，77 歲時（2007 年）接受美國廣播電台 (Kerrang!) 訪問，聲稱外星人不僅存在，並且多次訪問地球，且與某些美國太空總署官員進行過接觸。早在 1947 年，著名的羅斯威爾 (Roswell) 飛碟墜毀事件以來，官方就知曉真相，卻向世人隱瞞了 60 多年！艾德格說自己身受種種壓力而隱諱至今，如今不再顧慮自己安全，才決定說出真相。

## 俄國太空人的奇怪遭遇

根據研究，除了親見不明物體，許多太空人在航行中都有過詭異的經歷。網路流傳一篇署名為蘇俄「基里爾·布圖索夫教授」(Professor Cyril BUTUSOV)，對於多位太空人的研究發現，太空人在外太空常有神奇詭異的體驗。這不只是因為眼見不明飛行物，顯然還受到心靈擴展，或是外力操控的幻覺所致。

太空人在宇宙飛行時經常聽到一些神祕的聲音，事實上，宇宙空間應該是寂靜無聲的。蘇聯太空人弗拉季斯拉夫・沃爾科夫 (Vladislav Volkov，1935~1971) 這樣描述宇宙中的神祕之音：「大地的黑夜從下面飛過，突然，從黑夜裡傳來狗的叫聲。我一陣驚訝，這不是我們萊科 ( 太空試驗犬，已死於太空軌道 ) 的聲音嗎？幽靜中又清楚地響起嬰兒的哭聲和一些其他聲音。」沃爾科夫說，這一切都無從解釋，但感受卻十分真切！

格奧爾吉・格列奇科 (Georgi Grechko) 在太空軌道遇過一件怪事，當飛船經過智利的哈恩角海峽時，他突然感到危險，似乎一隻猛虎就要撲到他的背上。格列奇科說，可怕的恐懼感簡直令人窒息。據悉，古代有許多船在此海域沉沒。

有時，太空人會有某種奇怪的感覺，就像某個看不見的東西正用沉重的目光從背後注視著他。然後，這個「看不見的東西」會主動使你瞭解他，一陣低語傳來，內容直接傳達到意識的深處。為了讓人信服，這個「聲音」還常常說出一些太空人家中私密瑣碎的事情，只有本人知道，且這些事情大都與家中的先人有關。那麼，是誰在地球上空如此遙遠的地方向人低語呢？

「太空人變恐龍」不是危言聳聽，它也是宇宙航行中的奇異現象之一。1995 年，試飛員謝爾蓋・克裡切夫斯基 (Sergei Krichevsky)，在「宇宙人類生態國際研究所」首次公開談到這一點，而且據他所說，不止一名太空人經歷過這種非常離奇的感受。克裡切夫斯基說，人會突然脫離自己所習慣的人性方式，進入到一種獸性狀態。一名太空人告訴他，自己曾經處於恐龍的形態！他還感覺到自己正行進在某個星球上，翻越峽谷和深淵。他詳細描述了「自己」的爪子、鱗片、腳趾間的蹼，還能清晰地感覺到背上的皮膚就像脊骨上豎起的角質片。還有一些太空人會感覺自己突然變成另外一個人，甚至是「外星人」。

## 脫離地球的另一空間異相

另外，美國人戈爾東・庫珀爾 (Leroy Gordon Cooper, Jr.1927-2004)，在太空軌道飛越中國西藏上空時，陳述僅憑一雙肉眼卻能細察地上房舍和其他建築物。另一位俄羅斯太空人維塔利・謝瓦斯季亞諾夫也證實，他身在太空軌道，卻見到俄羅斯療養勝地——索契的港口與兩層樓的小房子，清晰如在眼前。格奧爾吉・格列奇科 (Georgi Grechko) 則說，他在太空中看見一些奇異的東西，例如，當他們飛越蒙古時，突然見到了人的影像，其大小有 100 至 200 公里長，腦袋、軍大衣、腳都非常清楚。格列奇科與飛行同伴們還給他取了個名字叫「雪人」，也許正是雪塑造了這個龐然大物。

上述這些現象，最有可能的解釋之一，是由於脫離地表，人類心靈專一寧靜，以致打開自己的能力，有了更為超能的知覺。至於變成遠古獸類與外星人，許多人都認同以下這個解釋：因為進入外太空，「入侵」外星人領域，外星人對人類能輕易操控、瞭若指掌，於是傳達此一思維傳感，導致人類有此感受。

為什麼外星生命要讓人自以為「非人」呢？這個重大問題容後再敘。然而倘若外星生命能輕易操控人類心靈，就將之視為神、人類的祖宗的話，就大錯特錯了。因為自古神佛教導明心慧悟，絕不以怪力亂神引導。我們何嘗見識過這麼邪門惑人的事物呢？然而他們這麼做的原因何在？

看到這裡，您還會懷疑外星生命的存在嗎？

## 1-4 從古到今 外星人都在窺伺地球

近年來，各國資訊自由法的公開與解密後，引發巨大影響，各國紛紛釋放以往對於不明飛行物現象封鎖的資訊，也引發人們研究飛碟、外星生命的熱潮。短短數年，人類對於不明飛行物體的態度，從「拒絕相信」到「三緘其口」，乃至能「開誠布公」與「深信不移」，甚至可以預測不明飛行物的出現時機，進展之速，不由令人咋舌。然而，人類真的是近期才正視這些外太空的生命嗎？

有人認為，1947年墜落在羅斯威爾的外星生命，是因為1945年開始，美國在內華達州的核試爆，震撼了銀河星系，導致外星生命探訪。然而還有一種論點，就是認為外星人自古以來就造訪地球。

## 外星生命古代就存在

清光緒18年（1892年），吳友如的畫作《赤焰騰空》圖，就繪聲繪影地描述一次外星生命造訪事件：畫中描繪南京夫子廟朱雀橋頭發生的奇異事件，許多身著長袍馬褂的市民聚集在橋頭，仰望罕見奇景——空中的一團火球。圖畫上還記錄以下文字：

「九月二十八日，晚間八點鐘時，金陵（今南京市）城南，偶忽見火毬（即球）一團，自西向東，型如巨卵，色紅而無光，飄蕩半空，其行甚緩。維時浮雲蔽空，天色昏暗。舉頭仰視，甚覺分明，立朱雀橋上，翹首跂足者不下數百人。約一炊許漸遠漸滅。有謂流星過境者，然星之馳也，瞬息即杳。此球自近而遠，自有而無，甚屬濡滯，則非星馳可知。有謂兒童放天燈者，是夜風暴向北吹，此球轉向東去，則非天燈又可知。眾口紛紛，窮於推測。有一叟云：是物初起時微覺有聲，非靜聽不覺也，係由南門外騰越而來者。噫，異矣！」

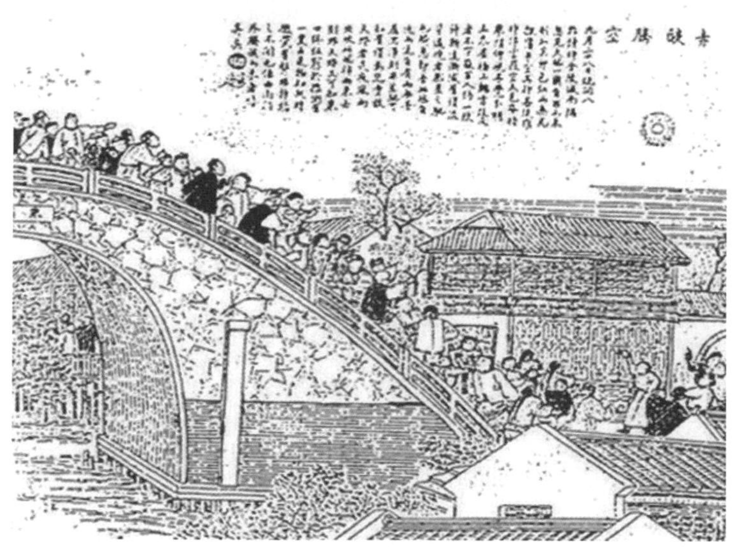

清光緒 18 年，吳友如的畫作《赤焰騰空》圖

文中排除流星、天燈的可能，最後仍不得其解。如今可知，應為不明飛行物的現形，也是今人研究幽浮的一件珍貴歷史資料。

千古文豪蘇東坡，也是幽浮的見證者。在他《遊金山寺》一詩，中有一段：

> 「是時江月初生魄，二更月落天深黑。江心似有炬火明，飛焰照山棲鳥驚。悵然歸臥心莫識，非鬼非人竟何物？」

細讀全詩，儼然就是看到了不明飛行物。

此詩述說由於金山寺僧苦留東坡觀賞落日，不料在黑夜中意外在江面見到的奇景：由於新月 ( 初生魄 ) 時分，晚上七點時 ( 二更 ) 天已全黑，卻意外看到不明光體，在江面中心如火炬般明亮、飛快竄行，不但照亮了大半山壁，也驚醒了夜棲的山鳥，令他悚然心驚，直到就寢時，還猶疑所見是鬼是人？今人推測，蘇東坡應該也是一樁不明飛行物體事件的目擊者。

而有「台灣飛碟研究教父」之稱的呂應鐘教授在2012年出版的《別問了！外星人早就來過地球》，蒐羅《資治通鑑》、《續通鑑》、《明通鑑》等古書多達百冊，一一羅列可能為幽浮造訪的事件，舉證歷歷，更加說明外星人自古即存在的訊息。

到底外星人對人類是善是惡？由於其科技高明，莫測高深，似魔似妖，亦有人以神明視之。然而越來越多的證據顯示，外星生命對人類未必心存善意，甚至可能與人類處於長期征戰的狀態。如在《新紀元周刊》281期內，就記載了根據考古學家研究甲骨文，詫然發現遠古時代外星人與地球人的戰爭【5】。

文中記述，研究者根據中國和西伯利亞出土的甲骨文，發現了奇怪的資訊，再結合當地自古流傳下來的神話，得出讓人瞠目結舌的想法：5000 年前，從天而降的外星人入侵中國北方，並把中國人和野獸當成奴隸，建造金字塔、掠奪黃金！

根據這些古代文物對這場戰爭的記載，入侵者與現代外星人的描述竟是驚人相似：高，纖瘦，一旦長時間離開飛船則必須帶著頭盔（呼吸罩），頭盔上有兩到三根類似竹筍的東西（天線）。

這場戰爭持續了 300 年，直到大量的紅髮巨人 ( 站立有 12 英呎，約 365 公分高 ) 從中國西北蜂湧入世界各地，對外星人展開反擊，才解除了外星人對地球人的奴役。而根據一塊有 3000 年歷史的石刻解讀，外星侵略者可能仍然沒有離去。

## 驚人的麥田圈訊息

如果說古籍上可以見到古代外星人與人類接觸的證據，現今世界各地——尤其是英國——發現的麥田圈，更使人相信外星人就在我們周圍活動著。

關於麥田圈的記載，首次報導可追溯到 369 年前，1647 年的英格蘭。20 世紀 80 年代初，英國的漢普郡和威斯特一帶多次發現麥田怪圈現象，此後現象幾乎遍布全球：美洲的美國、加拿大、南美洲，大洋洲的澳大利亞，還有歐洲的德國、荷蘭、比利時、波蘭、義大利、丹麥、瑞典、挪威，以及亞洲的俄羅斯、韓國、日本、印尼……等地，都頻頻發現麥田怪圈，但是大部分仍出現在英國的麥田上。

這些麥田圈周圍偵測到超常的強磁場和超聲波；其瞬間即成、難以偵測的製作過程，科學至今仍舊無解，也成為地球上的巨大謎團，咸認與外星生命有關。 這些圖像訊息中，最令人震撼並視為外星生命存在的鐵證，莫過於「阿雷西博訊息」(Areciba message)。

1974 年 11 月 6 日，美國太空總署從阿雷西博 (Areciba) 基地，對外太空發出一條信息。阿雷西博 (Areciba) 位在波多黎各北部海岸，擁有一個地球上最大的望遠鏡，這個望遠鏡設在一個天然的大圓碗狀的岩石洞中，直徑為一千英呎。

這則從阿雷西博發送的訊息，被稱為「尋找外星的高級智慧生命的訊息」。訊息以高達 20 兆瓦廣播信號功率、二進位制數字所構成的代碼，傳遞了人類希望外星生命接收到的資訊，如地球所在行星位置、人類 DNA 組成，以及相關重要訊息。這則訊息以「圖像語言」——1679 個二進制信息數碼來組成，反覆連續播放約 3 分鐘。外星文明收到這一「電報」後，只要依照順序從右到左、從上到下，把這 1679 個二進制信號排成 73 列 23 行，並用白色方塊替代信號「0」，用黑色方塊替代信號「1」，即可獲得這一電信號的圖像語言，進而瞭解其含意。發射目標是遠在距離地球 25,000 光年的球狀星團 M13，其中的大力士星座大約包含 30 萬顆星星。無線電波一去一回需要 5 萬光年，地球才能收到回信。

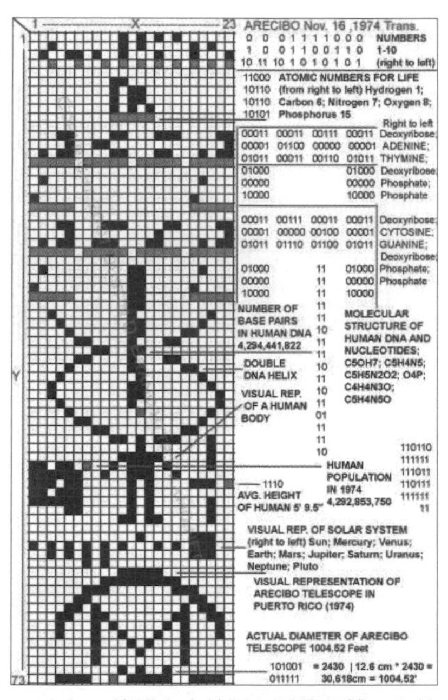


1974 年，美國太空總署在阿雷西博，向外太空發射的訊息，從上到下，依序描述了地球的計算機系統、創造地球生命的主要化學元素、DNA 代碼、人體的平均身高和數量、所在地在於第三行星，最後是電波望遠鏡的素描。

後續發展令人震驚。27 年之後，在英國罕布夏州的奇爾波頓 (Chilbolton) 小鎮掀起「奇爾波頓麥田圈」

(Chilbolton crop circles) 的驚濤駭浪——外星人回信了。

2001 年 8 月 14 日，英國的麥田上竟然展現外星人的回信！就在奇爾波頓 (Chilbolton) 天文台電波望遠鏡 (radio-telescope) 前方的麥田上，一夕間出現了一個前所未見的、匪夷所思的奇異麥田圈，立刻引起轟動。人們以「奇爾波頓麥田圈」(Chilbolton crop circles) 稱呼此一事件。

首先，是白天裡毫無章法的麥田，夜幕低垂時突然浮現一張清楚的人臉，就好像是印刷的照片一般平整的印在廣大的麥田上。

三天後，人臉上方又有一幅麥田圈形成，儼然是「阿雷西博訊息」的回應:不僅數據條碼的符號圖案完全相應，細部上展現差異，回應了「阿雷西博訊息」，表現了對方與地球生命、環境的不同之處，更有進一步的「更正錯誤訊息」之處，顯現這麥田圈絕非偶然的無心之作。

地球發出的「阿雷西博訊息」，從上到下，依序描述了地球的計算機系統、創造地球生命的主要化學元素、DNA 代碼、人體的平均身高和數量、所在地在於第三行星，最後是電波望遠鏡的素描。「奇爾波頓麥田圈」上的信息，顯示同樣的計算機系統，生命元素則以矽為主而不是碳，他們的 DNA 比人類多出一個，該外星人和人類的形象類似而有較大的頭部、高約四英呎，頭比身體還大，

「奇爾波頓麥田圈」(Chilbolton crop circles)

他們居住在太陽系第 3、4、5 行星，人口有 213 億，而所擁有的「電波望遠鏡」，遠比地球上的構造複雜得多。

英國一位科學家仔細研究，發現麥田圈的圖像與人類發送的「阿雷西博訊息」共有九處不同。「阿雷西博訊息」圖形在後來出版的書中，均是左右顛倒的反像（印刷造成），而且，書中把表示化學元素「矽」的二進制排列印錯了，然而，麥田圈回應的是正像的圖形，而且把「矽」的錯誤給更正過來。

更不可思議的是，對方電波望遠鏡的圖形結構，卻正是地球科學家們認為在理論上可行，但當時的科技水準尚未能及的目標。顯然這是超乎人類科技文明的生命傳遞的一個信號。

然而，科技上高明，就顯示智慧上也凌駕人類嗎？

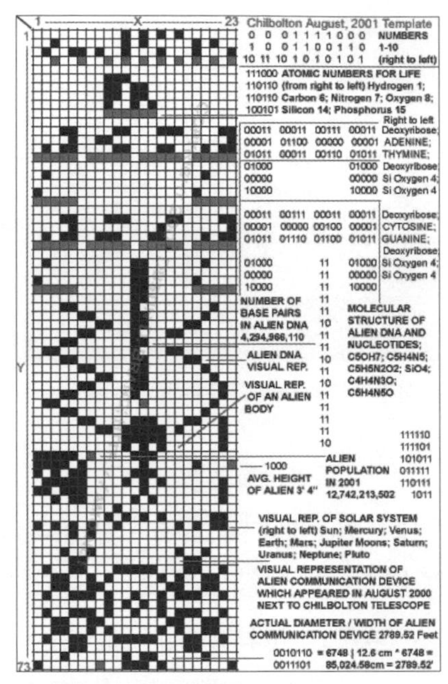

27 年後，外星人的訊息。

這是令人深思的問題。老子《道德經》中言：「為學日增，為道日減」。古聖先賢啟迪人心智慧，都要人淡泊名利、清淨養心，從提升道德、純淨自我入門，絕非追尋杳不可知的鬼怪奇異之物。儒家也說：「子不語怪力亂神」，說明純淨的心靈才是處世之道。然而在物欲高漲的今日，清心寡慾如笑話一般，難怪外星邪物大舉入侵。

隨著時間流轉，「外星生命」成為許多有識者必須探索的面向。即使你對此毫無興趣，也不得不同意，現世的「外星文化」已經成為一種時尚。「外星化」似已席捲文藝界、時尚界，甚至宗教界了。人們從把外星生命看成異類、寄居食人的怪獸，到時髦可愛的生物，無奇不有。如舉世知名的育兒節目——頭上有天線、肚子裡有電視的「天線寶寶」；眾多流行歌手的新潮造型；莫不以此為風尚。2012 年，倫敦奧運的吉祥物「溫洛克」(Wenlock) 和「曼德維爾」(Mandeville)，以外星人造型，在英國知名的景點迎接來自全球的觀光客，趨之若鶩者有之，諷其為「史上最醜的奧運吉祥物」者亦有之。姑且不論美醜，奧運起源於希臘文化中，要將人類最美好的力量、體魄、技藝、意志與道德獻給諸神的祭典，如今不僅神的角色消失，還有外星生命來攪局，實在令人詫異。現代人的審美、生活、文化、倫理，甚至是非觀點，在短短幾年間，說是「天翻地覆」也不為過。即使有人討厭，電影外星科幻的備受歡迎，俱皆說明了「外星現象」對時尚與文化的影響。以下，就舉電影為例，來看外星文化的悄悄入侵……。

## 1-5 從電影看外星文化與悲哀的結局

截至 2016 年 7 月，歷數全球史上五大賣座電影《阿凡達》、《鐵達尼號》、《星際大戰原力覺醒》、《侏羅紀世界》、《復仇者聯盟》，就有三部與外星文化息息相關！

2009 年推出，至今高居全球票房第一的《阿凡達》(AVATAR)，以摒棄醜陋地球，營造外星仙境為主題而引起共鳴；2012 大賣座的《復仇者聯盟》(Marvel's The Avengers），許多超級英雄的力量都是來自神祕的太空；

2015年底上映的《星際大戰》(Star Wars)第七集——《星際大戰七部曲：原力覺醒》(Star Wars Episode VII: The Force Awakens)；這部1977年創造話題不斷的熱門影片，描寫在很久以前的一個遙遠的銀河系，肩負正義使命感的絕地武士與帝國邪惡黑暗勢力作戰的故事。電影傳達神祕的外太空存在的危險與契機，甚至是答案與希望。

2014年湯姆·克魯斯(Tom Cruise)主演的《明日邊界》(Edge of Tomorrow)，飾演一位對戰術一竅不通的文官，卻因為意外獲得外星生物死而復生、倒退時間的能力，化身成為超級戰士，最後打敗入侵的外星生物。2014獲得五項奧斯卡金像獎提名的《星際效應》(Interstellar)，亦描述人類在走投無路時，前往外太空尋求移民契機的影片，片中主角跌入黑洞後透過五次元空間，由於這個時空是所有時間同時存在、所有空間皆可貫通，他因此可在那個狀態下，將一不可知其來源，卻能拯救全人類的答案，傳給過去時空自己的女兒，才化解人類滅絕危機⋯⋯。曾幾何時，人類獲得救贖的良方，要寄託在不可知的外星科技與黑暗的太空中呢？

談到外星生命的電影題材，雖然早在美國登月(1961~1972)、發展太空計畫時，就偶有出現，但是首度掀起全球矚目風潮的，應屬1982年轟動一時並造成熱門話題的電影——《E.T. 外星人》(E.T. the Extra-

Terrestrial)。導演史蒂芬・史匹柏 (Steven Allan Spielberg) 把具神祕色彩的外星人以溫馨的方式包裝，除了滿足觀眾的好奇，再加上科幻、懸疑、關懷等文藝特質呈現，創造了相當高的票房。

32 年後，新銳導演戴夫・格林 (Dave Green) 拍攝《地球迴聲》(Earth to Echo)，描述三位在同一社區長大，卻在翌日即將分道揚鑣的小男孩，共同經歷一場營救外星人的冒險，過程溫馨有趣，咸認是向當年《E.T. 外星人》致敬的電影，吸引不少票房與話題。由於描述 UFO 及外星人的電影非常多，以下介紹較有代表性的一些電影，藉此一覽流行文化對外星生命的觀點與看法⋯⋯。

## 《2001：太空漫遊》(2001: A Space Odyssey)1968 年

這部在美國登月前一年上映，被譽為電影史上最偉大的科幻片，道盡了人對太空的恐懼與嚮往。這部導演史丹利・庫柏力克 (Stanley Kubrick) 和科幻小說家亞瑟・克拉克 (Arthur C. Clarke) 合作並造成話題的同名電影，也是科幻電影的經典傑作之一。

影片敘述 33 年後的 2001 年，人類征服太空並在月球建立太空殖民地，而正當人類準備向太陽系進軍時，卻在月球背面發現了非人造的巨大黑石碑，向木星發送不明訊號。黑石碑似乎具有使物種快速進化的能力，能讓原始猿猴也能運用工具狩獵。黑石神祕消失後，為了探索黑石的根源，人類決定航向木星偵查真相。

不久，一艘太空船被派到木星那裡調查訊號的終點有什麼。太空船上的人員共有五位，由一台先進且具有人工智慧的超智能電腦 HAL 9000 控制整艘太空船。這趟遠航之旅逐漸變為可怕的旅行：首先，超智能電腦 HAL 發現兩位太空人有打算將其主機關閉的想法，先發制人，殺害太空船內三位冬眠狀態科學家後，再製造假事故，趁第四位成員去太空船外艙修理，發動小型艇剪斷氧氣輸送帶，導致其缺氧而死。最後唯一倖存者波曼 (Bowman)，在設法關閉超能電腦的同時，終於到達木星。此時波曼發現一個更大的黑石碑出現在軌道上。當他調查時，瞬間被傳送到無限遠的地方……。許久之後，他發現小艇停在一間布置華麗的房間裡。突然波曼發現到自己正以極快的速度老去，在他躺在床上老死之前，他看見第四塊石碑出現在他面前，而他也轉變成嬰孩一般飄浮在宇宙中，凝望數之不盡的星星。

影片中拋出許多問題：人類的智慧之源在宇宙的何處？追尋文明與科技是否導致最終的殺戮？未知的盡頭、神與人，生命與幸福，是否有交會的可能？這些問題，都深深震撼了當時的觀眾。

## 《第三類接觸》
## (Close Encounters of the Third Kind) 1977 年

這一部熱賣的外星人電影，片中的外星人表現溫和友善、通曉音律，與其他早期表現恐怖入侵的外星人電影型態大不相同。故事主角羅伊是一名電子工程師，有一天接受一樁緊急裝修任務時，遇到幽浮，並被其所發出的光灼傷了，但沒有人相信他的說辭。

羅伊要家人和他一起探索所謂的「真相」，他廣蒐情報，和有類似遭遇的人交換經驗，尋找辦法和外星人接觸，或許是被他的誠心感動，他終於和外星人的太空船有了近距離的接觸。而此同時，一位來自法國的研究員提議，不妨用「音樂」和外星人溝通，於是他們找出最適合的頻律和外星人對話。在沙漠中的魔鬼山上，外星人如約來到，他們的飛船將半個天空都照亮了。人類播放了以前從太空接受到的外星人信息中破譯出的音樂作為聯絡的手段，飛船的大門打開了，失蹤的地球人都回到了自己的家鄉。

如今再回首這部電影，可以說是人們的一廂情願。實際上，外星人僅憑思維傳感就能與人溝通，並不需憑藉音樂；而許多被外星人擄走的人都不知所蹤，並且遭外星人多次解剖實驗的人，也都留下恐怖的情緒創傷。

## 《異形》(Alien)1979~2012 年

這一部有巨大影響力的科幻恐怖片，由雷利．史考特 (Ridley Scott) 導演，雪歌妮．薇佛 (Sigourney Weaver) 主演。電影獲得了空前的票房成功，這個與外星生物對抗的女英雄是好萊塢創造的一個重要的形象，催生了相關的文學、遊戲、紀念品，以及三部熱銷的續集。

異形片中女英雄的形象顛覆以往的好萊塢動作片。電影可謂集所有科幻想像大成於一身，充分彰顯在浩渺無際的宇宙中，遇到可怕屠殺的外星生物，求救無門的恐怖感受。實際上，故事編劇——丹歐巴諾 (Dan O'Bannon) 就坦言，他是從早期所有的科幻恐怖片汲取靈感。那些科幻小說描寫外星人利用人體孵出卵後，再把人類吃掉；高智能電腦終究會發展出自己的知覺，反撲人類；或是恐怖的外星生物追捕人類，在猶如空中監獄般的密閉太空船內，一個個被吞噬殆盡……，的確是夠可怕的了。

2012 年，史考特重新掌鏡，拍攝異形前傳《普羅米修斯》(Prometheus)。普羅米修斯是希臘神話中造人並盜取天火，幫助人類發展文明的神祇。而劇中的「普羅米修斯」是一艘飛船的名字，任務就是承載著因科技發達卻瀕臨滅亡的地球人類，想要探尋據說是人類生命起源、帶給人類文化的外星生命，到達遙遠的星球後，卻慘遭被視為

「神祇」的外星生命恐怖追殺的驚悚下場。這部電影中當前被視為神一般的外星人，卻有著毀滅人類的意圖；呈現許多人對外星生命的根本疑懼。但是下一部片子卻告訴我們，被外星生命挾持加害，不僅僅發生在天外星球之中，也可能在自家宅院……。

## 《第四類接觸》(The 4th Kind) 2009 年

這部電影標榜改編自真實案例，企圖重現外星人劫持人類，與其接觸的影片。一開始，導演歐拉坦迪．烏桑珊米 (Olatunde Osunsanmi) 就特意呈現在電影開拍之前，親自訪問心理醫師艾碧潔．泰勒 (Abigial Tyler) 的畫面，並取得艾碧潔所拍攝、從未曝光過的外星人珍貴檔案畫面。這部網羅好萊塢一級巨星蜜拉喬娃維琪 (Milla Jovovich)、威爾派頓 (Will Patton) 等人領銜主演的影片，就在「演員重現當時情況」與「真實檔案紀錄影片」穿插中，敘述駭人聽聞的外星挾持人類事件。

故事女主角——心理學家艾碧潔．泰勒博士 ，與先生一塊調查美國阿拉斯加州諾姆小鎮，許多鎮民都有夜間睡眠受到嚴重干擾的病情。然而艾碧潔的先生，某個晚上竟然離奇地在艾碧潔眼前被殺身亡。泰勒看不到兇手，也因而被警長甚至兒子懷疑，莫非她就是兇手？

為了查明真相，在與睡眠障礙的患者晤談時，心理學博士艾碧潔醫師使用「催眠」的方法，讓病人進入催眠狀態。奇特的是，當這些睡眠受干擾的病人進入催眠狀態後，卻有著共同的經驗，他們都看到了類似貓頭鷹的「東西」，站在窗台上對著他們「微笑」。然後門打開了，走進來的「東西」讓他們「驚恐萬分」！因為過度驚恐，催眠屢屢被迫中斷。由於催眠治療過程都被錄影下來，導演因而能夠剪輯至電影中。銀幕上一半是演員所拍攝的，另一半則是 2000 年 10 月上旬所實錄的影像或錄音。

由於病患離奇事件一再發生，警長軟禁艾碧潔，派警員二十四小時監視。結果那天晚上，連駐守的警員都看到不明物體發出強光，進入泰勒家中，把艾碧潔年僅五、六歲的小女兒艾希莉劫持走了。雖然有警員目睹，但當警長要求看警車中的監視錄影時，卻因受訊號干擾什麼都看不到。鐵齒的警長沒有親眼看見，什麼也不相信，認為是艾碧潔自己把女兒藏起來了。

艾碧潔失去女兒，異常悲痛，透過心理學家同事對她催眠，發現她也與女兒一塊被劫持，只有艾碧潔被送回來，女兒卻被永久留置了。當她要求那「東西」還她女兒，聽到的回答卻是：「不可能！」

電影最後交代了這些人目前的狀況：艾碧潔醫師洗刷了罪名，但病情每況愈下，在美東醫院裏繼續接受治療。

電影中呈現真實艾碧潔博士的相貌：兩眼無神，慘白而削瘦，顯然經過了極度的恐懼與悲傷。警長兩年後因此事件退休，對外星人劫持一事三緘其口。艾碧潔的兒子目前二十歲左右，仍對母親心懷怨懟，因為他認為妹妹的失蹤，是泰勒的因素造成的。而艾希莉，艾碧潔的女兒，至今未曾尋獲……。

姑且不論電影是真的或是造假炒作，諸多情節的確與許多被外星生命劫持的感受過程相同。如遭遇到神祕的外力操控、憑空消失的人體，以及數以千計驚恐訴說自己遭到外星人劫持，懷孕後又離奇消失的胎兒，以及親身經歷各種折磨卻因沒人相信，含冤莫白的民眾……。

## 《MIB 星際戰警》(Men In Black) 1997~2012 年與俄國總理證詞：

這系列科幻喜劇電影，台灣譯為《MIB 星際戰警》，在港、陸譯為《黑衣人》；改編自同名漫畫作品，自 1997 年推出第一集賣座後，2002 年再續第二集，全球累計創下了 10 億票房。2012 年 5 月再推出第三集 3D 版，劇情描述身為主角的探員為解救夥伴，回到過去與外星人對戰，試圖扭轉歷史以解除世界末日危機。

為什麼《MIB 星際戰警》能夠賣座？是不是人類有

時也會將身邊的許多人視為「外星生物」，並有了想清除他們的念頭？或許也想藉他們防止地球毀滅的危機？也許這就是電影引發觀眾的共鳴。

有趣的是，2012 年 12 月 7 日，俄國總理梅德韋傑夫 (Dmitry Medvedev) 在正式回答完五個電視台的記者採訪後，以為麥克風關閉的情況下繼續回答記者的提問，被問到「當需要啟動核武時，總統手中公文是否包括關於外星人的祕密文件」時，他竟直言回應：

「我會拿到一個帶有核武代碼的公事包，附上一個特殊的『最高機密』檔案。檔案包含所有曾經拜訪過我們這個星球的外星人的資訊……。你可以從著名的電影《黑衣人》中獲取更具體的資訊…… 。我無法告訴你我們身邊究竟有多少外星人，因為這樣會引來恐慌。」

許多人把這段話解讀為「梅氏幽默」，其實「黑衣人組織」早有傳言。許多人都認為政府與世人之所以在目睹眾多外星生物與不明飛行體出現後，卻仍舊麻木無感的原因，是因為國際間有這樣一個機構，在消解與防堵人們對於外星人的瞭解。還有人繪聲繪影地說在外星人劫持、飛碟墜落事件後的現場，總有黑衣人出現，用各種方式叫人封口或與清除記憶。到底真相如何呢？如果電影製造業是由全世界知覺最敏銳、對未來最有想像力的人所組合而成，此種說法的成立就一點也不足為奇了！

## 悲哀的結局：漸漸外星化的世界

無論上述影片所傳達的訊息如何，歸納起來，外星人有上述幾個特點：要不就是單純友善；要不就是機械化且冰冷嗜殺，或非我族類卻有超出人類理解範圍的能力。實際上，在某些人眼裡，越來越朝向科技化發展的我們，生活的確有漸漸「外星化」的趨勢。一位署名為「石劍」的法輪功學員，就描述他有一回在大陸南方旅行的所見所思，呈現了地球逐漸外星化的危機。【6】

文中描述，當石劍乘坐大型巴士飛馳在高速公路上，一覽眼前鬱鬱蔥蔥的田野、純樸的農舍，和如詩如畫的自然風光，心情美好舒暢。突然間眼前一根根電線杆急速在眼前掠過，電線孤零零地伸向遠方，引起他一種異樣感覺：這些電線杆與整個環境格格不入，儼然是一種外來的事物。

石劍由是深思，這種詭異的隔閡，在對照古代農村與現代都市之間時，特別鮮明：農村和諧的田莊、私塾裡朗朗書聲，與雞犬相聞的生活方式；再對照如今光怪陸離的街頭、奇形怪狀的高樓大廈、穿著白袍的實驗室人員、複雜的機器設備、流水般的汽車、螢幕不斷閃爍的電腦……等等，與單純的人之本然生存狀態那麼不一致、不和諧。而這些狀況的發生與改變，毋寧是人類原本純正、和諧的傳統與生活方式，受到外力扭曲或是入侵，也就是「外星化」影響的結果。

表面上，現代化的科技使人類生活便利了，但是嚴重的污染、疾病也相繼出現。所謂「污染」在古代是聞所未聞的，是因為外星人而發展出的事物，不是人所應該擁有的。污染與疾病的產生，正是人類在發展中不斷喪失與環境和諧共處的結果。那麼人類本來應有的狀態是什麼呢？其實神早已為人類的生存開創一應俱全的環境，遠比外星化的東西更適合於人，人們卻因為鬼迷心竅而聽從外星人的指導，將原本珍貴的傳統與根基棄之不顧、破壞殆盡。石劍舉個例子：以科學為圭臬的西醫先進嗎？其實外星人治病的技術還遠遠比不上中醫呢。

石劍說：「整個人類都在向外星化的方向發展，人類的方方面面都在外星人的操控之下。所謂的現代化就是外星化，人在現代化中越來越遠離傳統社會以及本來的自然狀態。外星化實質上是人的狀態的異化和變異。」

外星生命除了透過科技變異人類社會，也在促使人類外星化下了很多功夫。如從動畫片中讓人類熟悉外星生命的處境與遭遇，令人耳濡目染而不自覺地認同。許多兒童觀賞的動畫充滿了外星人的生活影像與暴力觀念，灌輸外星人熱愛人類、對人友善的想法，還有一些研究成果說外星人是人類祖先、人類是外星人的試驗品……，等等匪夷所思的說法，都是外星人暗地裡操縱人所變出的把戲。在這個以外星生命為時尚的風潮中，人們就在好奇中漸漸失去辨識真偽的能力，不自覺地被外星生命熏染與控制。

最可怕的是，人們因為外星生命的影響而拋棄對真神的信仰，如「科學教」就是一個國際性的邪教組織，這種號稱信仰科學的「科學教」與「科學神教」，在法國、德國與世界各地都出現了。眾所週知，這些教派都認為外星生命才是人類的神，還有一個組織因為相信外星生命創造了人，因此致力於研究基因科技，以複製人類當作最終目標。

人類在外星生命特意佈下的天羅地網之中，越來越悖離本性與生活狀態。人類的行為舉止越來越「外星化」：現代化的家居設備、摩托車的頭盔、通訊設備……等等，都是外星化的顯著表現，連人體的 DNA 都遭受外星生命植入的影響。

然而，外星生命真的無所不能嗎？其實他們是為了逃命才來到地球。因為整個宇宙都在清理之中，而地球是他們最後的藏身之所。石劍指出飛碟在中國的頻繁出現，就是因為外星生命已經無法隱蔽在另外空間，他們被迫露出真實面目的日子已經不遠了。人們也逐漸發現這些標榜外星科技與複製技術能拯救世界的說法，根本是一個天大的謊言，其所衍生的禍害無窮無盡。在道德爭議與違法問題叢生下，唾棄與驅趕這些教派者與日俱增。雖然邪惡的外星生命能夠存活的空間越來越稀少，他們對地球與人類所造成的傷害卻難以想像。文末，石劍感慨斷言：

「人類不久會發現，有關生物技術和電腦的夢想會完全破滅，科學就像一個騙人的泡沫一樣結束了，人類在外星人的毀滅中已經面目皆非並且一無所有。」

閱畢上文，讀者心中必然湧起無數疑惑：為何科學化就是外星化？倘若外星人如此處心積慮要控制地球人類的發展，最終目的何在？如果外星化只是引領人類走向毀滅的泡沫，那麼何為正途，又當如何尋得人類本來面目？在許多人心中本領高強的外星生命，為何要「逃命」？……這些問題，唯有進一步瞭解多維層次空間，與外星人逐漸浮現的面貌，就能慢慢明白隱藏在後面的答案……。

人類生活中充斥現代化的科技(大紀元資料庫)

1【大紀元 2014 年 05 月 23 日訊】大紀元記者陳俊村綜合編譯〈SETI 美國會作證:20 年內可找到外星生命〉

2【大紀元 2015 年 04 月 24 日訊】記者張秉開綜合報導:〈加前國防部長:四種外星人已來地球幾千年〉http://www.epochtimes.com/b5/15/4/24/n4419199.htm

3【新唐人 2016 年 06 月 27 日訊】大紀元編譯 http://www.ntdtv.com/xtr/b5/2016/06/27/a1273331.html

4【自由時報 2014 年 7 月 27 日】即時新聞/綜合報導〈月球上有人?衛星照片驚現神祕人影〉http://news.ltn.com.tw/news/world/breakingnews/1065944

5【新紀元周刊第 281 期 2012/06/28】正見網〈古代中國人與外星人的戰爭〉

6【正見網】〈地球的外星化〉http://big5.zhengjian.org/2001/07/28/11064. 地球的外星化 .html

# 第2章

# 揭開另外空間的祕密

自古以來，人類對神、佛的存在，都有著天經地義的傳統認知。各大重要文明與文化，都是以神、佛信仰為傳遞的主軸。數千年來，歷史上留下了不計其數的信仰文化，交織成人類文明的重要基礎。因著對神明聖潔、虔誠的信仰，人們建造了各式宏偉壯麗的廟宇、殿堂與塑像，不但成為人類在世的精神依歸，也是各大文明音樂、藝術，與文化的重要起源。

但是，人為什麼看不見神佛的存在呢？這是因為相較於人類所在的空間而言，「神」毋寧是更細膩、更微觀的存在。人常以「萬能」譽神，眾所週知，粒子越小，所蘊含能量越大。如果以大石頭與小砂礫做譬喻，就像是粗顆粒的石頭擠不進裝滿細顆粒沙子的瓶子，砂礫卻能自由流動，穿梭於石塊之間；這就是為什麼有些人無法感知、甚至相信神佛的存在，但是純淨與提升心靈層次的人，卻能真實體會，甚且深信不疑。

從打開天眼，可進入微觀世界的修煉人的觀點來看，人類與外星生命截然不同的根本原因，在於「人」的本質是來源於高層空間的神。在各個族裔流傳的神話起源故事中，都記載著泥土造人，而且是按著神自己的形象造人，之後再賦予其生命。中國的女媧造人和《聖經》記述上帝造人，便是明證。

因為人來源於神，此一物質身體包含著層層的微觀粒子，對應著不同的天體與空間，其連結穿越了億萬層由最微觀本源，至人類肉眼所能見的空間。而「外星生命」沒有微觀物質，僅能穿越寥寥幾層而已。即使如此，由於外星生命能夠掌握另外空間的力量與物質，使得他們在視此物質世界為唯一實相的世人眼中，有著不可思議的能力。

當今的物理學家普遍認為在人看不到的空間中還存在著其他的平行宇宙，平行宇宙之間還會相互影響。外星生命能夠在許多空間中神出鬼沒、來去自如，這是因為宇宙構造複雜奧妙，同時存在著多層的空間。因此要理解外星生命，「多重空間」是一個重要課題。

多重（多維、多次元）空間要如何理解呢？以螞蟻的爬行為喻，螞蟻在地上、在牆上或是在天花板上倒懸著爬行，在其來說都是「往前進」，沒有上、下之分，也不會有爬高或降低的問題。這是因為螞蟻活在一個平面的「二維空間」中，從牠的角度看不到人的存在，只能見到人的光影。這是指螞蟻的感官只能感受、描繪出二維空間的圖像，並不是螞蟻不能在三維空間中活動；因此，螞蟻要是從天花板掉到地板上，同伴可能會覺得是憑空消失、靈異事件；要是人拿一杯水澆下，螞蟻可能會覺得一場無妄之災；這是因為牠只能看見在一個平面上的事物的二維世界。

反觀人類是生活在「三維空間」。就算人類再能想像、再會推理，如何費盡唇舌描述，甚至直接穿越到四維空間，人類一樣是三維空間的生命。我們現在做出大膽假設，假如我們人類三維空間與四維空間是重疊的，人類會看到四維空間的真實存在景象嗎？不能。原因是人類是三維空間的生命，感官功能、大腦所能接收的，也只能是三維空間景象。這說明了人因為感官與認知被現有空間侷限住了，難以有突破性的認識。

如今科學家發現，透過打坐能開啟這部份思維。通過正法修煉，人可以破除迷障，看到宇宙的真相，這是千真萬確的事實。釋迦牟尼佛的三千大千世界學說，說明「佛」可以看到無數微乎其微的世界、無數宏觀世界，是科學永遠所不能及的……。

## 2-1 多維空間確實存在

布萊恩．魏斯醫師 (Brian Leslie Weiss )，美國耶魯大學醫學博士，曾任耶魯大學精神科主治醫師、邁阿密大學精神藥物研究部主任、西奈山醫學中心精神科主任，他原是一位堅定信仰科學的學者，卻因為催眠回溯療法，見證人類生命輪迴的真實，相信了另外空間與高層生命的存在。他說【1】：

「我曾是一位醫學博士，做過教授，用現代科學的手段，譬如正電子發射掃瞄儀來研究過人腦。但是如今我對那些古老的概念也能夠接受。因為我發現甚至在古代的佛教中，也有許多科學在其中，那裏談到了原子理論、基本粒子、不同的空間……，諸如此類。對我來說真的一點都不相悖，也許只是那時的人們和現在人所用來描述的語言不同罷了。許多古代的理論，似乎都被現代的科學和臨床研究證實了，或證實中。」

在談到人與萬物的存在時，他用冰塊做比喻：

「人類就像一個個冰塊一樣：想像我們自己是有意識的冰塊，感覺上彼此獨立，堅硬固體，大小不一，形態各異。想像這些冰塊漂浮在冰冷的水上，冰塊們還是感覺到彼此分離。但是如果你用溫暖的能量去給水加熱，冰塊就開始融化，最終一切都融化成水，水從來就被比喻成精神。此時，冰塊不再感覺彼此分離，他們只是進入了另一種不同的生命狀態和振動形式。如果你繼續加熱，即便水消失了，變成了蒸汽，肉眼已經看不見了，但是我們知道那些冰塊就在蒸汽中，因為你可以將蒸汽冷凝成水，放入大小形狀各異的容器中後，他們又會結晶成冰塊。蒸汽之外的，對我來說是接近神的世界，或更高智能的境界。我們還沒有語言詞彙能描述祂們，因為我們只是冰塊而已。我認為人類也像冰塊一樣，只不過昇華的過程是用愛的能量，而不是熱能來促成。」

「因此，當我們離開這個身體的時候，我們就變成像水一樣，就如同冰塊融入了水中。但是當我們振動提升到更高的境界時，我們如同蒸汽，在蒸汽之外，更外面更遙遠的所在，我們已沒有語言能形容，因為那就是能量，能量是超出蒸汽境界的。反過來也有一個過程，可以使你能量越來越小，越來越小，越來越小，最後就成了人。我們人類是最低能、最緩慢的振動，就像冰塊是水分子最慢的振動形式一樣。」

「我不是個物理學家，但當我閱讀那些新發現時，譬如就我對『超弦理論』(The String Theory) 的理解，那就是在談及多重空間，無限宇宙。……在我閱讀現代天文學家的著作和其它科學讀物時，我發現他們和我所做的工作殊途同歸。因為他們也是在論述關於平行空間，可預期或不可見的未來，膨脹宇宙，無邊蒼穹。在我的工作中，我發現這些和我的病人催眠狀態下所描述的是如此相似。唯一不同的是我的病人在描述時少了那些數學公式，但他們和超弦物理學家所描述的是同樣的時間，同樣的情境，同樣的概念。」

由於人囿於一己的感官與認知，靈魂也被囚禁於有限的空間中，這就是為什麼愛因斯坦認為人的靈魂被光學幻象所迷。魏斯醫師隨身攜帶著愛因斯坦的一段描述，可為上述「人類昇華的過程是用精神能量」一言的註解：

「一個人是我們稱之為宇宙的這樣一個整體的一個部份，侷限在這層時間和空間的框框之中的一個部份。他在體驗、思想和感覺時，常常與整個世界脫離，生活在一個他自我意識所看到的光學幻象中。這幻象對我們來說如同監獄，它將我們囚禁在自己的個人慾望之中，便是有限的關愛也只給了離自己身邊最近的極少人。我們要做的就是必須從這樣的監獄中解放出來，將我們慈悲和關愛的範圍擴大到能容納所有的生命，整個自然。」

人由於受限在這個如囚籠般的物質世界，所以對其他空間的事物一無所知，對高層次的神佛乃至於較低層面的外星生命看不見也聽不到，但是透過科學家的理論以及某些神祕偶發事件，甚至自言是外星生命者的描述，我們可以理解另外空間確實存在，以及外星飛碟如何來無影、去無蹤的原因……。

## 時空扭曲 突破人類認知的祕密

根據愛因斯坦的相對論，空間和時間是交織在一起的，形成一種被他稱為「時空」的四維結構。地球的質量會在這種結構上產生「凹陷」，這很像是一個成年人站在彈簧蹦床上陷進去的情形。2007 年，來自美國密西根大學和美國太空總署的天文學家聲稱，他們觀測到了圍繞中

科學家尋找宇宙隱藏的空間有望。這是一個設想的六維空間在二維空間的投影，被稱為卡拉比－丘流形 (Calabi-Yau shape)。這個圖呈現了科學家們對於這個宇宙空間的構想，是多重折疊與彎曲。而這些空間的彎曲和折疊，有可能形成不同空間之間的捷徑——蟲洞 (worm hole)。（大紀元新聞網）

子星的鐵原子氣體呈現的模糊環線，出現了扭曲現象，顯示宇宙中的某些天體有體積上的限制，證明了愛因斯坦預言的時空扭曲現象。2011 年，美國太空總署的一個地球軌道探測器 GP-B，更證實了愛因斯坦廣義相對論的兩個關鍵預測，描述了引力如何導致質量扭曲其周圍時空。[2]

## 幽浮飛行的「直線法則」

倘若知悉多維空間的理論，就能瞭解幽浮飛行看來神出鬼沒，實是因為通曉突破空間之道的緣故。

由徐向東著作，2013 年出版的《小心！外星人就在你身邊》，描述在 1954 年，由法國民間學者安梅密西爾所發現的「飛碟直線法則」，指出了當目擊者看到不明飛行物，瞬間於一地消失，又能於一地出現，卻總是在一直線上的現象，被稱為「安梅密西爾直線法則」。

1954 年 9 月到 10 月，歐洲發生不明飛行物密集出現的熱潮。保守估計至少有四萬人親眼目睹。而法國權威學者安梅密西爾，靈機一動後，蒐集各地的訊息，將這些目擊事件刪選、整理，並在地圖上標示出來，有了意想不到的發現。

安梅密西爾發現，如果把 24 小時內所發生的案例整理、標示在地圖上，會發現這些地點連接起來，「剛好為一直線」。1958 年，安梅密西爾發行了英文版上下兩集的著作：《天空謎樣的物體》，為他奠定了研究不明飛行物體的權威地位。

飛行物由甲地到乙地，當然最短距離是直線。然而悖離一般人理解的是，這一直線上，可能出現時間最早時的地點在最南，其次為最北，最後為接近北邊的地點。然而把這些點連起來，卻都是「一條直線」。而民眾看到的幽浮也不總是同一架，可能有雪茄狀、圓盤狀等，大小、形狀、數量各異。

幽浮飛行的直線法則，說明他們深諳操控時空之法。

## 外星人的飛碟理論

關於外星生命以飛行物任意穿越時空的方式，已有外星人現身說法說明道理。一位聲稱自己來自金星，從金星誕生至今，實際歲數已有 300 多歲的女子歐姆 ・ 尼克 (Omnec Onec)，說她就是帶著使命來到地球。當時沒有身體的她住在一個飛行器上，1955 年時，她住進一個因出車禍事故，靈魂離開的七歲女孩——希拉 (Sheila) 的身體，此後過著一般人的生活，成了三個孩子的母親，做過女侍、收銀員與服裝設計師。1991 年 5 月，歐姆・尼克出席芝加哥的「世界飛碟會議」，揭露真實身分並發出驚人之語。她所述說的外星科技，許多都得到科學家研究與時空扭曲及超弦理論的證實，為我們揭開了一層神祕的面紗。

90 年代現身於群眾前的歐姆・尼克，推算她「成為人類」實際年齡已有 40 多歲，但外貌看來年輕如 20 出頭，艷如明星。她說自己來到地球，是有其「使命」，要聯合宇宙的其他外星人，幫助地球人「進化」，當年轟動一時，也吸引許多人跟隨，成為其信徒。

2014 年，歐姆・尼克接受挪威國際幽浮會議邀請發表演說，外表看來已垂垂老矣如七、八十歲老婦，亦未逃過人類這層空間的因果業力法則。

綜觀歐姆・尼克的言論，多有商榷餘地，但當年她所述說的飛碟理論，或可為今日多維空間、超弦理論相參看，證明所言非虛。

自稱來自金星人的外星生命歐姆・尼克提到「飛碟理

論」時，談到：

「許多人都曾拍到來自其他星球的飛行器，它們在結構上都很類似。大部分，幾乎全部都使用遠程遙控，用磁能飛行。我們也能將太陽能轉為磁能，利用在月球上開採的某些水晶，覆蓋在一些飛船的穹頂上，我們有一根磁柱貫穿飛船中央，製造我們自己的磁場。」

「大氣中有三種磁波，飛船總是在中波段上飛行，這就是為甚麼它們這樣飛，上升，再平飛，因此它們在最強的中波段上飛行，它們可以不斷升高。隨著它們頻率的升高，它們的震動就超出了人類的視覺範疇，在人的視野中消失，如同隱形了一般。即使它們在那裏，但你就是看不見，因為它們的震動速率是如此之快。就像一個風扇的葉片，高速旋轉時你可以看到其後面的東西。你說：我怎麼看到後面去了？因為它們運動得如此之快，處於不同的振動速率上。」

「我們能在時間中旅行，從一個維度到另一個維度，或在空間中旅行。」

由於外星生命資訊眾多，關於飛碟來去自如的神奇技術，不但各家說法不一，也早已是公開在網上的「祕密」。

一位中國山東濟南自幼修行的老和尚，名叫黃友生。他在修煉中開啟智慧後，和外星生命 AK5T-S9B-KUT9B92 能夠溝通上，得知了外星文明對地球人類的不

少研究情況。其中對外星人與人類的起源，值得參考。【3】

文中，因為修煉而能一窺宇宙奧妙的黃友生，描述外星文明穿越時空的科技時，說這種技術一點也不複雜，概念也很簡單。因為人眼中的「空間」，就是由大分子所組成的星球，與另一個星球之間的範圍與距離。所謂的「星球」，就是一個大的分子物質。而這些星球又是由更小的有機物、無機物等分子物質所組成。如果能夠進入一個星球內部的分子的空間，就會發現其分子與分子間的距離，在某種意義上，可以像地球和火星一樣遙遠。如果一個生命可以進入那些分子類的空間，也就可以利用那裏的物質，表現某些神奇的穿越與變化。雖然這是如今的人類科學做夢也達到不了的程度，但是在修煉人眼中，外星生命的能力極其有限，只能穿越幾個橫向的或平行的幾個大分子組成的空間而已，即使如此，如果說外星的科技達到了大學的水平，而人類的科技只不過是幼兒園的水平而已，某些方面可能還要更低。

黃友生描述，由於外星生命可以自由來去、穿梭於各類分子之間的空間，即使穿越少數幾個空間，對人類來說也是不可思議的、如神明般無所不能的能力。外星生命就利用他們的技術，造出類似飛碟或是飛船的工具，以一種「物質結構轉換」的方式，進入那個分子的空間裡。

何謂「物質結構轉換」呢？飛碟在那個空間飛行，就像是白色的食鹽溶入水中，因為食鹽的分子能夠在水分子中穿行，所以人的眼睛看不到水中食鹽的分子，因此飛碟在人的肉眼裡猶如消失了一般。當飛碟出現，就像是食鹽分子從水分子的空間分離出來，變成了食鹽的結晶體，所以人在這個空間又看到飛碟的顯現了。這只是一個比喻。黃友生解釋：這就是飛碟不遵循人認為的空氣動力學的道理，能夠跳躍式或折線飛行，也能突然出現或突然消失的道理。

至於大量的飛碟在人類的某個區域一出現時，人類的電能會蒸發（停電）或人處於異常狀態，就是他們的技術超出了電能的階段，能在更深的空間產生一種場。這種場可能是他有意發出的，這種場比人所知悉的電場或磁場能力更強，因此阻擋了電場或磁場的作用，導致人類的電能好像被吸取而消失，人的大腦內的電場也處於異常狀態，這些都是人類的科學解釋不了的。因此黃友生才會說：

「人自詡的電子或宇航（太空）科學，只不過是在外星文明發展中，其中一種外星文明中的一個幼芽狀態而已。」

上述言論或許有些艱澀難懂，因為正法修煉人所知所見，與外星生命的科技發展，不但互相背道而馳，更是一般人無法理解的事。一覽外星生命出現、不明飛行物挾持人類，經常與神奇的多重空間、時空扭曲事件一起發生。

其實翻閱歷史上，許多人類難解的謎案，也可以用穿越時空、空間扭曲的道理解釋……。

## 2-2 關於時空扭曲的真實案例

在我們認識的空間中存在著許多一般人用眼睛看不到的、然而卻客觀存在的時空隧道，歷史上神祕失踪的人、船、飛機等，實際上是進入了這個神祕的時空隧道。時空隧道和人類世界不是一個時間體系，進入另一套時間體系裡，有可能回到遙遠的過去或進入未來，因為在時空隧道裡，時間具有方向性和可逆性，它可以正轉也可倒轉，還可以相對靜止。對於地球上物質世界，進入時空隧道，意味著神祕失踪;而從時空隧道中出來，又意味著神祕再現。

精確測量黑洞距地球之距離。(NASA/D. Berry)

關於時空維度的各項議題，詭異神祕又令人無比好奇，想要一探究竟。以下就談一談，在網路上廣為流傳的幾樁發生於世界各地，令人們震驚的神祕現象：

## 失蹤 24 年再現的漁民

1990 年 8 月，在委內瑞拉卡拉卡斯市一艘失蹤了 24 年的帆船尤西斯號，在一處偏僻海灘擱淺再現。帆船上三名船員由土著居民救起之後，就送到卡拉卡斯市尋求援助。

這三名船員之一，來自美國緬因州的職業漁民柏狄．米拿說：「我們什麼也記不清啦，只知道當時起了場颶風。我們當時揚帆出海，駛向艾路巴島，希望能捕到當地盛產的馬林魚。忽然間天色大變，轉眼漫天烏雲，電閃雷鳴，波濤洶湧，我們便立即將船向岸邊駛去，這便是我所知道的所有經歷。我還知道的就是我們的船隻擱淺了，當我們向那裡的土人問起時，才知道今年是 1990 年。最初我們還以為對方在開玩笑。我們是 1966 年 1 月 6 日出發的，原來打算出海捕魚七天，沒想到一去就去了 24 年！」

船上最年輕的十九歲的提比．保利維亞說，他記得遇到 1966 年那場颶風前，他們還捕到一條金槍魚。當他們回到岸上後，當局派人上船調查，在船艙冷藏庫中真的找到了那條金槍魚。調查人員說：「這條魚仍然十分新鮮，就好像是剛捕到的一樣。」

為這三個人檢查身體的柏比羅．古狄茲醫生醫生說：「這三人雖然經歷這麼多年，但一點也沒有衰老，好像時間對他們已完全停止了。」他說：「這三名船員中最老的一個在失蹤時是42歲，按理說他現在應該是66歲的老人，可是現在看起來依然像40多歲，身體非常健康。」而這種「時空錯置、倒流」的現象，已成為現今科幻電影的老梗。

英國政府曾查閱1966年記錄，證實當年確有這麼一艘帆船無影無蹤了，原因不詳。

此事只能有一個解釋：帆船進入了時間隧道中，而時間變慢了。至於如何進入時間隧道？就有待智者研究瞭解了。

## 40年後又出現的火車

1995年10月29日夜晚，在烏克蘭的塞瓦斯托波爾市，一位老扳道工(舊時操縱鐵路上的人工Y道岔口，決定火車行進方向的工人)——烏斯季敏科，正在帕拉格拉瓦火車道口值班。忽然，他看到通往加斯特山採石場的鐵路支線上，駛來一列古怪的火車。他大吃一驚，這怎麼可能？這條直通採石場的鐵路支線早已廢棄多年，路軌早已拆卸，路基上枕木橫七豎八地躺著。列車怎麼可能行駛在沒有鐵軌的鐵路上？

老扳道工以為自己看花了眼，擦了擦眼再仔細一瞧，確實是有一列車在行駛，只是車頭只拖著三節車廂，而且都是幾十年前見到過的老式車頭、車廂。列車越駛越近。既沒有發出一點聲音，又沒有一點燈火。當列車駛過道口前方的支線時，老扳道工清晰地聽到那多年沒動過的道岔上，在黑夜中發出轉轍器轉換、接合軌道的叮噹響聲，奇怪的是沒有人在那裡操作轉轍器。眼看列車馬上就要進入道口，老扳道工顧不得多想，忙把防護欄放下。剛放好道口防護欄杆，列車已來到身邊，悄無聲息地駛往塞瓦斯托波爾港……。

當列車消失在遠方，一切復歸寂靜時，老扳道工好奇地走到支線旁細細察看：啊！太神奇了！那列車在路基上竟沒有留下一點兒行駛過的痕跡！第二天一早，老扳道工即將下班時，從收音機裡的晨間新聞節目中，聽到一件怪聞：「昨夜，完好的波羅的海艦《新羅斯》號戰列艦，突然在港口附近沉沒。」老扳道工不禁聯想：「難道這神祕的影子列車，與沉沒的戰列艦有著某種異常的關係？這列車究竟來自何方？」當事故調查委員會來塞瓦斯托波爾調查瞭解情況時，老扳道工前去，和盤托出自己的所見所思。在事故調查委員會深入調查時，重掀 40 年前的火車謎團事件。

那是 1955 年 7 月 14 日，義大利桑涅基公司的一列嶄新的豪華的旅遊列車，在一片歡呼聲中徐徐駛離羅馬車站。這列只拖著 3 節裝潢華麗的車廂的旅遊列車中，乘客是 106 名雍容華貴的義大利富商顯貴，他們將沿途遊覽歐洲名勝古跡……。

列車行駛到一條長長的隧道外時，忽然間，從隧道上方山頂上飄來一股濃濃的，乳白色的雲霧。這雲霧越聚越多、越聚越濃，把整個列車團團包圍了。過不多久，那雲霧變成一種黏膠狀的液體，包裹著列車擁進隧道……。

奇怪的是，那列車進了隧道後便消失得無影無蹤。列車上的 106 位旅客，除了兩位年輕人發現不妙而跳出車廂，沒有隨車進入隧道外，其餘 104 位旅客全都失蹤了。

當人們從脫險者口中得知事故發生後，匆忙趕到隧道現場時，隧道裡一切如故，既沒有撞壞的列車和傷亡的旅客，也沒有一點被列車衝撞的痕跡。離奇的是，這列在隧道中消失的列車，正是老扳道工在塞瓦斯托波爾看到的那列「影子列車」。

「影子列車」從羅馬失蹤，40 年後神祕出現烏克蘭的事件，引起了人們的興趣，有人想用時間場的理論來作解釋，也有人想用幻覺加以搪塞。以下的阿根廷博士夫婦身上所發生的奇遇，同樣令人匪夷所思：

## 超光速 時空快車

1968 年 6 月 1 日深夜，兩輛高級轎車在南美阿根廷首都布宜諾斯艾利斯市郊疾馳著。

這天夜裡，後面一輛車上坐著布宜諾斯艾利斯的律師蓋拉爾德・畢達爾博士和他的妻子拉弗夫人；前面一輛車上坐著的夫妻二人，是他們的朋友。兩輛轎車疾馳著，濃霧籠罩著四野。為了探望熟人，他們由布宜諾斯艾利斯南面的查斯科木斯市，向南一百五十公里的買普市，徹夜驅車而行。

阿根廷的西部屏障著險峻的安地斯山。由中部直到東部是綿延的大平原。那是南美最大的穀倉，道路穿過連綿無際的麥田與荒野。不知是因為前面的車速度太快了還是由於博士夫婦的車發動機有點毛病，兩輛轎車的距離漸漸拉開了。

前面的車臨近買普市郊時，兩人回首顧望，後面是濃霧迷漫，什麼也看不見。於是他們決定停車等候後面的博士夫婦。可是，等了半小時、一小時，迷霧中依然茫無所見。這條道路筆直平坦又無岔路，他們只有調過車來尋找。然而遍尋卻毫無所獲。也就是說，博士夫婦乘坐的車在公路上奔馳途中，平白無故地消失了。

翌日，親戚朋友們全體出動，找遍了查斯科木斯市與買普市。然而，道路東西兩邊，在廣袤無垠的地平線上，不論是人還是車，連影子都不曾見到。

兩天過去了。正當最後要報警時，由墨西哥打來了長途電話。電話說：「我們是墨西哥城的阿根廷領事館。有一對自稱是畢達爾律師夫婦的男女正在我們保護中。您認識他們嗎？」友人接到電話很是詫異，請本人通話，果真是失踪的畢達爾博士的聲音。這就是說，博士夫婦6月3日確是在墨西哥城，不久被送回阿根廷。他們訴說事情經過是這樣的：

博士們坐的車離開查斯科木斯市不久，大約夜裡12點10分，車前突然出現白霧狀的東西，一下子把車包圍了。他們驚慌中踩下剎車，不一會兒便麻木失去了知覺。

不知過了多少時間，兩人幾乎同時甦醒過來。這時已是白天，車在公路上行駛著。可是，車窗外面的景色，與阿根廷的平原已迴然不同了，行人服裝也未曾見過。他們急忙停下車來打聽，這裡竟然是墨西哥！

帶著夢境未醒的神態，兩人跑進阿根廷領事館求助。驚魂稍定後才知道，他們的錶在他們失去知覺的時刻——12點10分停住，而跑進領事館則是6月3日了。這故事雖如謊言一般，但對照博士在待人接物上，都是十分誠實的。他的夫人因受這次事件的刺激，罹病而住進了醫院。

由阿根廷的查斯科木斯市到墨西哥城，直線距離也在六千公里以上。即便利用船舶、火車和汽車之類，要在兩日內抵達也是斷無可能的。若只是人，還可以認為是乘飛機飛去的。可是連轎車一起在墨西哥出現，怎麼說也是件怪事。然而，阿根廷駐墨西哥領事拉伐艾爾．貝爾古里證實說：「這事是真的。」

當地報紙以：Teleportation from Chascomus to Mexico ( 譯為：由查斯科木斯到墨西哥的遠距傳輸 ) 的標題，對這一事件大肆報導。Teleportation 這個詞在普通辭典中還不大能找到。與通常的運輸 (transportation) 不同，它是與這種事件緊密相聯的詞彙。若用前綴 trans-，總會給人以搬運的感覺；而一旦改作 telt-( 遠距離控制的 )，就強烈地意味著有什麼超自然的東西在由遠處操縱著，因此引起人世間不可思議的事件。

## 中、英 戰場集體消失事件

戰場上也會發生離奇的集體消失事件。以下分別敘述的，就是中國與英國，戰場上難以解釋的失蹤案件。

中國抗戰初期的南京保衛戰中，曾有一支 2000 人的國民黨部隊，在南京東南 30 餘里外的青龍山山區，被日軍包圍後，神祕消失。這個團雖然鬥志高昂，但裝備惡劣，而後方追擊來的日軍卻裝備精良。該團團長伍新華率領全團戰士迅速撤退到南京東南部，在前有封鎖、後有追兵的情況下，部隊凶多吉少。但奇怪的是，駐紮在青龍山外部封鎖線的日軍卻根本沒有碰到這支部隊。也就是說，這支2000多人的國民黨部隊，根本沒有衝出青龍山。戰事結束後，攻占南京的日軍總司令部統計侵略戰果時，發現這支部隊已無影無蹤。

1970年，人們在青龍山區幾處洞穴裡，發現過幾頂腐朽的軍用鋼盔、步槍和少量骸骨。但這支2000人的部隊從未被發現過。他們不僅從包圍嚴密的戰場消失，也從人世間蒸發掉了。

英國也有一次著名的集體失蹤案。1915年，第一次世界大戰的戰況激烈，土耳其與英國軍隊，在土耳其境內展開了激戰。英國的諾福克軍團第五縱隊駐紮在南歐巴爾幹半島上的60號高地，正準備攻占土耳其的達達尼爾海峽的重地——加利波利群島。

這一天是8月21日，天氣晴朗，諾福克軍團的300多名士兵正按照命令，向一個名叫「聖貝爾」的山丘移動。

這時，一團奇怪雲影悄悄向聖貝爾飄來，籠罩住山丘的頂端。這塊雲團大約長200米，厚60米，能夠反射太陽光，給人一種奇怪的感覺。然而諾福克軍團的士兵們卻渾然無覺，仍然秩序井然地向著濃重的雲層行進，不一會兒便漸次消失在雲霧之中。22 名紐芬蘭盟軍的士兵，駐紮在聖貝爾附近的另一座山峰上，饒有興致地觀看了英軍登山的過程。過了一陣子，雲層慢慢地向空中升起，和停留在空中的六、七團麵包形的雲彩匯合，旋即向北飄移而去。

雲彩飄過，眼前只剩下光禿禿的山丘，登山的士兵消失得無影無蹤，而這 22 名士兵嚇得目瞪口呆。

紐芬蘭士兵立即把這一意外情況報告英方，英軍司令部迅速調派大批英軍趕赴現場，進行了地毯式的搜查，結果一無所獲。對於諾福克軍團第五縱隊的失蹤，英國政府提出了強烈抗議，但土耳其人卻表示對此毫無所知。直到第一次世界大戰結束，英國向戰敗國土耳其提出立即歸還諾福克軍團士兵的要求，並查閱了土耳其的全部戰爭檔案，結果是，土耳其部隊從未在聖貝爾山丘附近作戰，當然，也不曾在這裡俘獲過任何一個英軍。

無奈的英軍司令部只能這樣記錄：「諾福克軍團的 341 名官兵在經過聖貝爾山丘時全體失蹤，至今生死未卜，下落不明。」這份記錄保存在英國軍隊的檔案裡，後面附有 22 名紐芬蘭士兵的證言和簽名。直到 1967 年，這份塵封了 50 年的絕密檔案，才得以解密問世，引起了世界的關注。

## 瑞典男子與 40 年後的自己相遇

2002 年，一位瑞典名為哈坎諾迪夫斯基 (Hakan Nordkvist) 的 32 歲男子，宣稱他在修理家中水槽下的水管時，鑽進了時光隧道，並且見到了 40 年後，也就是 2042 年後年老的自己，兩人如好友般晤談。這個聽起來荒誕的故事，卻因為哈坎用手機拍下了這段兩人談話的溫馨畫面，震驚了世界。兩人相仿的外貌與手上相同的刺青（年老的哈坎刺青顯得有些淺且暈染開），都令人不得不相信時空隧道真實存在。這段依然在網路上流傳的哈坎訪談中，他是這樣說的：

「這一切都發生在（2002 年）8 月 30 日的下午。 這是個美麗的一天，我從法耶斯塔登 (Färjestaden) 下班回家。 當我回到家，發現廚房的地板上有水漬，不知為何漏水了？於是我拿起工具，開啟水槽下方的門，進行修理。

當我檢查水管時，水管的位置似乎比我印象中更裡面，我不得不爬入櫃中；水管越往後退，我也越爬越深。在隧道的盡頭，我看到亮光，當我到了那裡，我發現我到了未來。

我遇見了 2042 年 72 歲的自己，我做了很多測試，看他是否真的是我。奇怪的是，他知道我的一切：我在一年級時收藏所有祕密玩意兒的地方；我在 1988 年夏天足球賽對抗瓦西斯諾拉隊 (Växjö Norra) 的得分……，他什麼都知道。

我們甚至有相同的紋身，雖然他的有點褪色了。他告訴我一些未來將發生的事，不多，我答應不告訴任何人。我用手機拍了一小段畫面，不幸的是，質量並不是最好的。但這是我僅有的了。我不在乎別人視我為騙子，我知道我不是；我遇到了將來的自己，並且問心無愧。這就是我所知道的。

但是，如果我經歷過這樣的事，或許別人也經歷過。」

關於上述奇案，許多意見紛紛出籠。有學者認為，「時空隧道」可能與宇宙中的「黑洞」有關。「黑洞」是人眼睛看不到的吸引力世界，然而卻是客觀存在的一種「時空隧道」。人一旦被吸入黑洞中，就什麼知覺也沒有了。當他回到光明世界時，只能回想起被吸入以前的事，而對進入「黑洞」遨遊無論多長時間，都一概不知。有些學者反對這種假設，認為這不能說明問題。美國著名科學家約翰·布凱里教授經過研究分析，對「時空隧道」提出了以下幾點理論假說：「時空隧道」是客觀存在，是物質性的，它看不見，摸不著，對於我們人類生活的物質世界，它既關閉，又不絕對關閉——僅是偶爾開放。綜觀這些假設、推論，只能說明如霧裡看花，毫無頭緒。

以下的故事也同樣匪夷所思，令科學家們百思不得其解。然而在一位能如意穿越時空，擁有宿命通功能的修煉者眼中，卻有著截然不同、一覽無遺的清澈觀點……。

## 2-3 古銀幣穿越空間

1994 年，傳媒披露了發生在埃及的時光倒流 4000 年的奇跡新聞：一枚 1997 年才要發行的美國銀幣，被深藏在一座太陽神廟的地底下。

一個由法國考古學家組成的考古工作隊，來到尼羅河畔最早出現人類活動的地區進行科學考察。他們發現了一座太陽神廟，距今已有 4000 年的歷史。

由於人跡罕至，廟宇早已傾塌，僅是廢墟一座，故而顯得十分荒涼、破敗。當考古學家在對廢墟進行挖掘時，在一塊古老的石碑下，發現了一枚深埋在地下的銀幣。奇怪的是，這不是一枚古埃及銀幣，而是一枚美國銀幣；更加奇怪的是，這又不是一枚美國古銀幣，而是一枚現代銀幣。

最不可思議的是：這是一枚已經鑄造好、準備在 1997 年才進入市場流通、面值 25 美分、尚在美國金庫中「留守」的未流通銀幣。美國的現代銀幣，為何「跑到」

4000 年前的古埃及廟宇中？科學家們百思不得其解。

2010 年，正見網上一篇〈埃及王朝之生命永恆〉【4】的文章裡，有宿命通的作者善勇，道出埃及王朝出現的一枚尚未發行的現代銀幣真實經過內容，揭露了真相：原來在 4000 年前的埃及，善勇是一位忠誠且擁有神通的大祭司，輔佐當時在位，勤政愛民的法老王——德聞。一日，法老王詢問千秋萬代後的變化，祭司回答當法老王完成此生使命後就會進入沉睡，等待 4000 年後，宇宙最偉大的神降臨人世之時，再返人間。為了徵取信物，並豎立碑文以昭後人，大祭司於是穿越 4000 年時空，取得美國尚未發行的銀幣，埋在神廟前的石碑之下

埃及大祭司與法老王對後世的推斷與預見，令人聯想到中國唐代，唐太宗詢問天文官李淳風後世變化如何，而有了預言準確的《藏頭詩》與《推背圖》二部作品；以及明太祖時劉伯溫的《燒餅歌》。聖王國師的能力令人歎為觀止，特別收錄於本章末，以饗讀者。

# 埃及王朝之生命永恆

**作者：善勇**

地跨亞非兩洲的今埃及共和國，曾經是世界著名的文明發祥地之一。埃及地處非洲大陸東部，由南向北川流不息的尼羅河橫貫全境。埃及是古老神話的起源地。古埃及人對神的信仰根深已久，世代相傳的神話故事也讓古老的埃及文明神祕與充滿魅力。

提及作為本次人類文明四大文明古國之一的古埃及，人們會想到金字塔、獅身人面像、俗世中至高無上的法老……，其間所具有的一些深刻文化內涵，至今對現代人類來說仍是一個謎。歷史上留下來的歷代古埃及王朝及歷代法老的詳細記載很少，這與埃及人的人生觀念和宗教信仰有關。古埃及人信仰的是太陽神。法老做為太陽神之子，為天上眾神所護佑。古埃及人認為：人在世間很短暫，而未來是永恆的。通向永恆未來的大門是死亡。肉身是靈魂走向未來的最根本保障。古埃及人非常注重人的身體，認為只要肉身保存完好，讓靈魂有棲身之所，死亡後就可獲得新生。埃及人認為，死亡是真正生命的開始。生命離開人世後，亡靈將在陵墓中沉睡，未來他的神會來到人世將他們在沉睡中喚醒，一同回歸他們永恆的國度。

有一位同修與我相識多年，在正法修煉的這些年中，風風雨雨與我共同走過了許多最艱難的歲月，他從小學開始就對埃及文明有著近乎痴迷的留戀。我翻開他生命的歷史，發現他曾是上古埃及王朝的一位法老，名字叫德聞。德聞法老青年時代登基，統治尼羅河流域古埃及37年，於58歲離世。

青年時代的德聞法老即位後不久，就開始建造他的陵墓——金字塔。為了儘快建成金字塔，法老下令增收賦稅，增加勞役人數，造成舉國上下怨聲載道。幾年後德聞法老患上一種奇怪的疾病，百般醫治無效，很令法老苦惱。這種疾病一旦發作，經常頭部整日整夜不間斷的劇痛，徹夜難眠。幾個月後的一個清晨經過一夜病痛折磨，德聞法老昏昏欲睡，忽然晨光中展現出金光閃閃的太陽神，德聞急忙叩首施禮。太陽神在空中說道:「德聞，你知為何患有頭痛疾病嗎？」德聞答道:「尊敬的太陽神，請您賜教給您的子臣吧」。神說:「你為一己私利，建造皇陵，強征天下苦役，使無數臣民百姓飽受離別，疾病勞累的苦難。頭痛是因你的臣民怨氣所致。若欲使疾患速好，需放下自我之心，德政天下，待民如子，則可度此劫難。」德聞如夢初醒，叩謝太陽神教誨。自此德聞法老減役減稅，以德治國，頭痛疾患不治而愈。

每年尼羅河發源地，埃塞俄比亞山區進入雨季，尼羅河水上漲，7月中旬開始河水逐漸淹沒整個盆地，11月河水退去，留下肥沃的淤泥，人們等到淤泥乾燥後，在肥沃的土地上開始新的一年的耕種。在每年播種前，法老都要去太陽神廟，祈求太陽神賜予百姓一年耕種風調雨順，國家政權穩固，國富民強。有一次祭祀慶典舉行完畢，德聞法老問身邊的大祭司：「我的未來會怎麼樣？」大祭司躬身施禮答道：「您是偉大的太陽神之子，太陽神授權給您統治大地。我們是您忠誠的奴僕，太陽神賦予您的歷史使命完成後，您將進入冥界。等待最偉大的宇宙之神將您從沉睡中喚醒，您復活覺悟後，將帶領我們——您忠實的奴僕，返回到我們永恆的家園。」

德聞繼續問道：「未來宇宙最偉大的神降臨人世的時代是甚麼時間？社會是甚麼形式？」大祭司說：「偉大的法老，請您隨我來。」於是德聞隨大祭司來到一間密室。大祭司說：「偉大的法老，您問的這些事情是不應為世俗人所應該知道的神的意旨。當您忠實的奴僕在尼羅河帶來的肥沃土地上，辛勤耕種的糧食，結出第 4000 次豐收果實時，宇宙最偉大的神就會降臨人世。那時社會人類衣著服飾奇怪而醜陋。人們坐在擁有四個轉動輪子的鐵盒中在大地上奔馳，天空中還有巨大的鐵鳥在飛翔。人們心靈陰暗而骯髒，所有的行為都是違背神的意願的犯罪。到時神將審判每一個人。而您作為我們偉大的法老，將協助最偉大的宇宙之神，拯救我們的靈魂。」德聞說：「我的大祭司，你能拿一件未來的信物給我嗎？」大祭司說：「請您稍等」。說著大祭司將雙手交叉放在胸前，開始誦念咒語，隨著不斷誦念，大祭司逐漸消失在空氣中。幾分鐘後，大祭司又顯現在德聞面前，一隻手展開，將一枚銀幣放在法老手中說：「偉大的法老，這是那個年代的貨幣。」德聞將錢幣拿在手中仔細看過後，吩咐道：「將這枚未來錢幣放在太陽神廟前，並立一碑，以示我王朝功垂千秋。」

4000 年後，公元 1994 年一支法國考古隊，在尼羅河畔最早出現人類活動地區進行科學考察。他們發現了一座已坍塌廢棄的神廟，在進行發掘時，在一座古老石碑下發現了一枚奇怪的銀幣，這枚銀幣不是古埃及銀幣，而是一枚還未進入市場，準備在 1997 年進入市場流通，面值 25 分的美國錢幣。

德聞法老統治古埃及時期，以德治國，子民辛勤淳樸，君臣一心，國家風調雨順，人民安居樂業。在德聞登基第 27 年，農作物喜獲豐收，面對在神廟前歡樂慶祝的臣民，德聞法老大聲說道：「我德聞，是太陽神之子，神賦予我統治大地的力量與榮耀，我忠實的子民們，我將用生命看護你們的幸福。在未來，宇宙中最偉大的神會引領你們進入我永恆的國度，你們將永遠與天地同在。我忠實的子民，為你們的忠誠、辛勞、歡呼吧！」

經過 20 年的建造，德聞法老陵墓金字塔建成竣工，法老與大祭司參觀後，德聞問道：「我的大祭司，靈魂將在陵寢中沉睡，可是肉體會隨著時間腐爛，消失，那可怎麼辦？」

大祭司躬身答道：「偉大的法老冥府之神奧西里斯已昭示給我，如何將軀體永久保存。」德聞問要如何保存？大祭司說：「先將您軀體內臟取出進行燥化處理，分別放入不同罐中保存，再將您軀幹燥化處理，顱腔、腹腔內放入香料，樹脂等燥化填充物，皮膚表面塗抹牛奶、蜂蜜，並用亞麻布包裹，最後用冥神的神印將其封印後才能放入棺木，這個過程需用百日。冥神最後囑託我轉告偉大的法老，希望法老離開人世後，與冥神共敘神事……。」

十幾年後，德聞法老離世。隨著他的離世，他統治埃及時期的一切子民，甚至連一隻螞蟻，一株花草……，都隨著時間的流逝相繼進入冥界。他們將在冥界中等待漫長的四千年，等待他們的法老王德聞在宇宙正法中重新擺放自己的位置後，來喚醒他們沉睡的靈魂。一同回歸所有生命心中最美好的永恆國度。

1【大紀元 2007 年 8 月 24 日】大紀元記者衛君宇採訪的報導〈魏斯博士：前世今生來日緣〉http://hk.epochtimes.com/news/2007-08-24/【專訪】魏斯博士：前世今生來日緣（一）-61453737

2【新唐人 2011 年 5 月 8 日訊】大紀元記者沙莉編譯報導〈NASA 衛星證實愛因斯坦時空漩渦理論〉http://www.ntdtv.com/xtr/b5/2011/05/08/a529094.html.-NASA 衛星證實愛因斯坦時空漩渦理論

3【大紀元 2012 年 01 月 01 日】作者小米：〈老和尚一語道天機：外星人之謎已經解開〉http://www.epochtimes.com/b5/12/1/1/n3473851.htm

4【正見網 2010 年 08 月 18 日】〈歷史的天空：埃及王朝之生命永恆〉http://www.zhengjian.org/2010/08/18/67961. 历史的天空：埃及王朝之生命永恒（新加入录音）.html

# 第3章

# 逐漸清晰的外星生命樣貌

# 3-1 官方與專家學者的研究

即使官方對外星人資訊諱莫如深，但不乏世界頂尖的專家學者願意踏進未知的領域，對外星生命進行研究與接觸。他們抱持著怎樣的觀點呢？以下，我們就來看看幾位知名學者的研究：

## 宇宙學專家——史蒂芬·威廉·霍金 (Stephen William Hawking) 的警告

自 17 歲起開始研究宇宙學，被譽為繼愛因斯坦以來最傑出的物理學家史蒂芬·霍金 (Stephen William Hawking)，對於宇宙模式、黑洞等學說屢有建樹，在統合 20 世紀物理學的兩大基礎理論——愛因斯坦的相對論，以及普朗克的量子力學方面，有重要創見。2010 年，他與探索頻道 (Discovery Channel) 合作，拍攝紀錄片《與霍金探索宇宙》(Into the Universe with Stephen Hawking)，呈現世界最聰明與知悉宇宙的科學家，對於外星生物的想像。

紀錄片中，霍金表示，宇宙中有 1000 億個銀河，每個銀河有億萬顆恆星，依照簡單的數字邏輯就能得知，地球不可能是唯一有生命的行星。然而真正的挑戰是：「搞清楚外星人可能是什麼樣子。」

霍金認為，按照其邏輯學術推理，其他星球產生生命與智慧是非常合理的。它們可能是相當於微生物或簡單動物的生物，也可能是具有智慧、可對人類構成威脅的外星生命。就如同人類在世界上僅只一萬年，就已經面臨耗盡資源，與汙染嚴重的窘境，霍金深信，如果有超越人類歷史上百萬年的物種，必定是為了掠奪資源而來。他推測，外星人可能因為耗盡自己星球的資源而乘坐太空船，流浪在星際間，想要征服他們所遇到的任何行星，並進行殖民。他警告地球人萬勿與外星生命有任何形式的主動接觸。他認為企圖與外星人接觸「有點太過冒險」；倘若外星人真的找上門，霍金的結論是：「我想結果大概就像哥倫布當年初次踏上美洲的情況，而我們（人類）的下場將不會比目前的美洲原住民好到哪裡去。」

根據霍金的想像，倘若有外星人，依照星球條件不同，應該有五種外星生物形態：

**一、類地星球的草食與肉食性生命**：如火星、月球這種類地行星，據推想會有兩隻腳的食草動物，草食者嘴如吸塵器，能把嘴像吸塵器般伸入岩石縫隙裡吸取食物；肉食者像蜥蜴，雙方偶爾會爆發大戰。

**二、氣態行星類水母般的巨型浮游生命**：如土星和木星這種充滿氫、氦的行星上，應該會有如水母般膨脹的外星生物漂浮在氣體中，靠吸收閃電來獲得能量。

**三、極寒星球零下 150 度的長毛獸**：平均溫度到達液態氮 ( 低於零下 150 度 ) 的星球上，可能的生命形態是全身長滿厚毛，可抵禦嚴寒的生命。

**四、液態星球的發光海洋生命**：像木星的衛星「歐羅巴」(Europa) 般的液態行星，上層是凍結冰殼，下層是液態海洋，則可能有如同墨魚般的海洋生物。由於生存在冰層下的深海溫水區，身體能發出冷光。

**五、在浩瀚的宇宙空間漂浮的生命體**：不僅僅在星球上，宇宙中也可能會有漂浮的外星生命，以成群結隊的方式遊走在星球間，不但能吸收星球的輻射能量，也擁有穿越時空的能力。

霍金以過人學識所想像、模擬出的外星生物，可能會使讀者感覺新奇詭異，卻不甚接近印象與傳聞中對於「外星生命」的模樣。上述這些生物就像恐龍、長毛象般原始的地球古代野獸，與會運用科技威脅人類的智慧生命大不相同，且霍金的推測還只限於三維空間之中。金星女人就說明他們生存的狀態已非實有形體，難怪人類多次探測金星而一無所見。而以下兩位科學家的發現，就超出了霍金的想像空間，也為我們勾勒出外星人的樣態提供更多的幫助。

## 英國首席幽浮專家 尼克·珀普 (Nick Pope) 的研究

外星人為什麼要造訪地球？對於不明飛行物的研究會給人類的生活帶來怎樣的影響？英國首席太空專家珀普，曾經在英國國防部工作 21 年，擔任國防部不明飛行物 (UFO) 項目負責人，在研究和調查期間，每年接觸 200~300 份有關不明飛行物體的報告，碰到幾樁有趣的案例。

### 倫德爾沙姆森林 (Rendlesham) 事件

珀普描述，他所調查過最有趣的不明飛行物體事件，是被稱為「英國的羅斯威爾」——倫德爾沙姆森林（Rendlesham；又被譯為「藍道申」）事件。那是在 1980 年 12 月晚上的奇異事件，一個三角形飛碟降落在森林裏，發出紅光與藍光，被美國的空軍人員親眼目睹。一些人接近這個東西去觸摸，並速寫記錄下它側面奇特有如埃及象形文字般的記號，之後這個飛碟消失無蹤。奇怪的現象持續了三個晚上，人們在它降落的地方使用探測輻射量的蓋革計數器，發現它的輻射水準顯著高於背景值。由於事件太過離奇，2015 年還被拍成電影《倫德爾沙姆不明飛行物事件》(The Rendlesham UFO Incident) 上映。

## 科斯福德 (Cosford) 事件

另一個英國政府 X 檔案中有趣的例子，是 1993 年，由珀普親自負責調查的案件。當時有一架巨大、直徑約兩百公尺的三角形不明飛行物，在全國範圍內出現超過 6 小時，特別是兩個軍事基地直接出現了不明飛行物。氣象官員描述，它開始時的速度非常慢，然後以比軍用飛機快無數倍的速度向地平線飛去，目擊者有上百人。珀普說：「這個案件使最傾向『懷疑派』的政府官員都嚴肅以待。」

迫於公眾的壓力，英國政府終於逐步公布了 UFO 檔案。珀普表示：「自從英國政府推出了《資訊自由法案》，國防部收到了很多關於不明飛行物的請求。數百人蜂擁詢問有關不明飛行物的情況，最後政府決定公布不明飛行物的全部檔案。」

英國是最早公布 UFO 檔案的國家之一，法國政府在 2007 年首先公布，英國政府是 2008 年，且已在 2011 年之前，將過去 10 年的 UFO 檔案分期公布完畢。2011 年 3 月，英國所公布的 UFO 檔案是歷年來內容最豐富的一次，引起很多人的關注。在這批 35 份，8500 頁的解密檔案中，涉及目擊 UFO 劃過天空、近距離觀察太空飛船降落，乃至親身遭外星人綁架等諸多內容。如今除了義大利也陸續公布解密檔案之外，巴西、丹麥、挪威、澳大利亞也即將跟進。珀普說：「每次有一國公布其檔案，都給其他國家造成壓力，使他們也不得不這樣做。」

正如所言，動見觀瞻的美國，也終於在否認傳說飛碟墜毀羅斯威爾，且發現三具外星人屍體的 65 年之後，公布了幽浮檔案解密。2011 年，美國聯邦調查局 (FBI)，在解密檔案中，有一份羅斯威爾事飛碟墜毀事件的紀錄。這份文件是 1950 年時任 FBI 局長的備忘錄，記載 1947 年羅斯威爾飛碟墜毀案的部分細節，直指當時確曾發現外星人存在。

這份高度機密的文件由時任 FBI 華盛頓辦事處特務古伊．霍特爾 (Guy Hottel) 撰寫。霍特爾在報告中稱，空軍調查員告訴他，新墨西哥州羅斯威爾市發現了「三個所謂的碟形飛行物」。飛碟呈圓形，中間突起，直徑約 15 米，每個飛碟內有三個類似人形的屍體，但高度僅約 90 厘米。每「人」穿著質地精細、貼身的金屬衣。文件中，霍特爾認為：「政府在附近設置的高能雷達可能是導致飛碟墜毀的原因。」然而 FBI 公開否認文中所述的真實性，理由是事件發生三年後才撰寫，引用資訊本已有誤，又與 FBI 事後調查結果不符，因此不予採信。

即使如此，民眾擁有「知」的神聖權力意義深遠。拜英國《資訊自由法》的規定，任何人不管是否擁有英國國籍，也不管是否居住在英國，都有權瞭解包括英國中央和地方各級政府部門、員警、國家醫療保健系統和教育機構在內的約 10 萬個英國公立機構的資訊。被諮詢機構必須在 20 個工作日之內予以答覆。該法律生效後，英國公眾與政府資訊的關係從原來的「需要知道」變為「有權知道」。一直嚴密保管的UFO檔案，當然也在《資訊自由法》要求公布的資訊之列。

已經成為世界著名幽浮權威的珀普宣稱，被外星人擄走做實驗的事件雖然駭人、不可思議，卻是真實不虛。自從美國夫婦巴尼．希爾 (Barney Hill，1923-1969) 及貝蒂．希爾 (Betty Hill，1919-2004) 在 1961 年發生轟動世界的遭外星人擄走案件之後，此種「第四類接觸」成為研究幽浮者的重要議題。他說：「我曾跟幾百名被外星人綁架者交談過，在貝蒂希爾去世的幾年前我也接觸過她。這些人沒有說謊。他們認為這些發生的事都是事實。」

珀普推測：「如果外星人真的來訪問人類，我猜想他們對人類可能和我們研究野生動物差不多——我們會隱藏自己，儘量不與野生動物進行接觸，有時我們會麻醉動物，對牠們進行實驗，有時我們會給牠們帶上標籤。」的確如此，正如珀普所說，許多遭外星人挾持者只有在深度催眠時才能憶起當時情況，並且身上都有莫名的非地球物質植入。

外星生命研究人體是為了什麼呢？眾多案例顯示，他們擄人時最為關注的是研究人類的生殖系統。為了讓讀者更加明白學者研究與外星人類接觸的始末，以下將簡單描述發生希爾夫婦遭外星人綁架事件，這是遭外星人綁架的典型案件，透過研究這些的案件，兩位權威學者——約翰．愛德華．麥克 (John Edward Mack) 與大衛．麥可．傑可布斯 (David Michael Jacobs) 揭露了驚人的外星人混血計畫……。

## 3-2 希爾夫婦事件與外星人混血計畫

珀普所提到的巴尼．希爾及貝蒂．希爾夫婦遭外星人擄走事件，是超越半世紀而未解的懸案。這起事件發生在 1961 年 9 月 19 日晚上十點多，這對夫婦剛剛結束他們在蒙特利爾的加拿大假期，驅車返回自己位於新罕布夏州的家中。車子行進到蘭開斯特南部一片荒野的公路上時，首先，貝蒂發現一個不明飛行物體發著光，急速從他們頭頂掠過。奇怪的是，周遭一片死寂，聽不見任何飛機或引擎聲……。巴尼停下車，關上引擎，步出車外並捉起手電筒仔細觀察，遠處的飛行器突然停下來，緩緩下降到離地 30 公尺的高度。透過望遠鏡，巴尼見到飛行器中奇怪的「人影」幢幢，似乎全看著他。然後這架不明飛行物突然轉變方向，朝他們疾飛，夫婦倆驚恐萬分，迅速逃回車內，全速開車逃離。然後……他們的記憶就此中止、消失。

當兩人清醒時，汽車停在一條陌生的公路上，巴尼與貝蒂兩人身上都有拉扯與衣物毀損的痕跡，兩人的手錶都停在 10 點多的時間，然而當時已經凌晨 12 點多了……。夫婦倆就這樣帶著詭異的印象，疲憊地返回家中。

此後巴尼與貝蒂開始惡夢連連，夢裡盡皆是被外星人綁架的恐怖經歷。由於精神壓力使然，巴尼的高血壓和潰瘍復發，兩人都有了精神衰弱的問題。貝蒂在圖書館閱讀幾本關於 UFO 的書籍之後，寫信向國家大氣現象調查委員會 (National Investigations Committee On Aerial Phenomena,NICAP) 求助。由於他們始終無法清楚述說那消失兩小時內的記憶，工作人員徒勞而返。

1963 年 12 月 14 日，兩人拜訪波士頓著名的精神病醫師班傑明・西蒙 (Benjamin Simon)，進行催眠治療，催眠中二人回憶出在那兩小時內，自己被劫持到外星人的飛船上。兩人被分別帶開，外星人對他們做了種種實驗。貝蒂描述外星人就像內科醫生那樣，用光探照她的眼睛；把她的嘴弄開、探看牙齒和喉嚨；收集她的頭髮、腳指甲與耳朵分泌物；脫去她的衣物後，用一捆像針的東西，在脖子、手腕、膝蓋和腳等地方戳刺，然後用一根很長的針刺

希爾夫婦的照片(網路圖片)

進她的肚臍。貝蒂感到痛徹心肺，哀叫出聲，然而一個像是首領的人，用手蒙在她的眼睛上動了動，她馬上就感覺不痛了。

另一邊，巴尼的腹部被安上一個奇怪的裝置，可能是這個裝置的關係，後來巴尼腹部的下方長出像疣的東西來，必須動手術割掉。……最後，這些外星人取走了巴尼的精子與貝蒂的卵子。

過程中，綁架者以心電感應方式與他們溝通，反覆檢查、研究著希爾夫婦的身體。檢查貝蒂的外星人一伸手，就想拔掉她的牙。貝蒂透過心電感應問他們做什麼，他們說巴尼的牙齒拿得掉，妳的牙齒卻拔不掉。貝蒂得對他們解釋何為「假牙」。而巴尼與貝蒂不同的膚色（一為白人，一為黑人），似乎也讓外星人百思不得其解。

一位狀似首領的外星人讓貝蒂看天體圖，解釋他們來自星球的位置。貝蒂在催眠狀態下把那個星際圖畫下來了。之後兩人被施以像似抹滅記憶的過程，帶回車上。當賽門博士分別要處在被催眠狀態的兩人畫出外星人的樣子時，對他們畫出完全相同的外星人長相大吃一驚。治療之後，兩人終於對喪失記憶的兩個小時理出一個頭緒，擺脫困擾已久的精神衰弱症。而他們的事蹟也透過報導、小說、電視劇、媒體等名噪一時。

希爾夫婦的故事還有後續發展。1969 年的夏天，瑪喬麗・費雪 (Marjorie Fish)，一位俄亥俄州的理科教師與業餘天文學家，從他們夫妻繪製的天體圖裡，發現了驚人的線索。她做了一個以太陽為中心，附近一帶的恒星系的立體模型，希望將貝蒂所畫的平面圖，無誤地投射出立體的位置關係。幾經嘗試，費雪將十多種不同種類、顏色和大小的玻璃珠，用尼龍繩串在一個大箱子上，完成以太陽為中心，半徑 55 光年以內，46 個恒星的立體模型。結果這個圖形簡直和貝蒂所畫的天體圖一模一樣，正是在太陽系中某一特定的方位。根據立體模型來看，斷定星圖上顯示的兩個主星，就是網罟座第 6 亮星 1 和 2 (Zeta Reticulum I and II)。且貝蒂所畫其他的星星，也都和天文學上的論據一樣，精確無誤。

更叫人吃驚的是，在貝蒂所畫的天體圖中標記

Cliese86．1、95、97 等星星，在當時還是尚未被世人發現、方位被誤認的星星。對天文學一竅不通的貝蒂怎能畫出這些？在當時，全世界沒有人知道這些星星的位置，貝蒂又是怎麼知道的呢？這些問題引起了世人嚴肅的思考。

長久以來，希爾夫婦所遭遇的經歷，被許多人視為茶餘飯後的無稽笑談。然而深入瞭解外星生命綁架人類的始末，就會發現或許外星人正在進行一個龐大的計畫，而許多地球人也有意識的涉入其中……。

## 哈佛大學精神病學家 約翰·愛德華·麥克 (John Edward Mack) 對於綁架者的研究

約翰．愛德華．麥克 (1929~2004) 是一位是美國精神病學家、作家，和哈佛醫學院的教授。他是一位普立茲獎傳記類的得獎者，也是一位研究外星人綁架經歷的權威學者。麥克耗費十多年時間，研究 200 位經常與外星人接觸的男性與女性，所發表的著作不但獲獎，且被譽為在研究此一主題上最受尊敬的學術界人士。2003 年，在他去世前一年，他接受了美國公共電視台 (PBS；Public Broadcasting Service) 訪問。內容論及許多深入的發展與觀點。

## 一、外星綁架證據確鑿

麥克對記者說，他在初期研究時，確實曾對遭外星綁架事件懷抱「嗤之以鼻」的想法，因為他從來不相信會有其他種類的智慧生物可以影響人類世界。然而在仔細訪談過經歷外星擄人事件的人之後，他很不情願的下結論說：「這是一個真正的謎。」這些綁架者都有確鑿證據顯示他們所言非虛。如被綁架時，其他地區都有目擊者看到或拍下不明飛行物。他們聲稱自己被綁架的時間內，確實呈現失蹤狀態。而當他們歷劫歸來時，身體上都是刀傷、潰瘍及三角軟骨的損傷。隨後，他們披露自己復原的過程，以及那些生命如何以類似外科手術的手法處置他們等內情。而這些經歷也許經過催眠，也許留存深刻記憶，都對人的身體與心理產生了重大的變化。這些難以抹滅的證據使麥克終於接受外星人會綁架人類進行實驗的事實。

## 二、被綁架者的經歷大同小異

麥克歸納被外星人挾持者的共同體驗。他們或是在家，或是開著車子，感覺身體被藍光或某種能量癱瘓，使他們動彈不得。然後他們感覺身體被移動，飄浮著穿過牆壁或到車外，被光束帶入飛行器中。飛行器中有許多外星生物盯著他們看、檢測他們的身體及孔竅；然後男性的精子被取出，婦女的卵子被取出；經過一段時間之後，外星人又綁架他們回去觀看這些精子及卵子與外星人雜交後的後代——當然外型醜惡不堪，驚嚇指數破表。麥克強調：「這是真實的經歷。」

### 三、雜交的物種：是地球毀滅後的新一代

依照外星人給人類的訊息，這些人雜交後所產生的物種，是為了地球滅亡時做準備。當人類對地球生存系統破壞殆盡後，這些新的物種就會被保留下來，在地球上大量繁衍，帶動地球的演化。關於這一點，麥克持保留態度：「這可能不完全是真實的，這可能是外星人跟我們的一種溝通，也許我們需要改變我們的生活方式；警示我們如果地球繼續過度開發，生存環境無法維持人類和其他生物，正如現在正在發生的情況，那麼這就是一種預防政策。」

### 四、外星混種 (Alien hybrid)：從被害者到共犯的人類角色轉變

在這些外星人綁架案件中，麥克發現一個令人驚訝的現象：有些人類扮演的角色竟是協助外星人進行生殖計畫的一部分：「當你一路上更深入地去了解這些人的意識以及他們的經驗後，你會發現所謂的雙重身份。換句話說，他們一方面是人類，但另一方面他們也有外星人的身份。

在這雜交的繁殖計畫中，他們（外星人）也參與，有如計畫的一部分。事實上，他們甚至可能認為自己是外星人。」

或許有些人徒具人形，本質卻是外星人；或許當外星生命挾尖端科技而來，以「幫助地球」為名，把人類當成生殖計畫的一部分時，人類是否會「倒戈相向」，幫助外星生命進行他們的計畫？答案自是不言而喻……。

## 大衛·麥可·傑可布斯 (David Michael Jacobs) 揭露的外星人混血計畫

大衛．傑可布斯 (David M Jacobs) 是費城天普大學 ( Temple University) 的歷史學副教授。除了歷史，他還是研究外星人綁架有名的研究學者。 1973 年，他的論文就是美國不明飛行物體的爭議。1986 年開始，傑可布斯自習催眠，對疑似被外星人綁架的受害者進行催眠調查，就 150 個人進行了約 1200 次的催眠，總結 40 多年的研究，他發現綁架案件有幾項驚人的特點：

(1) 被綁架者，父親、母親或雙親必定也被綁架；

(2) 被綁架者，必定是從嬰兒期一直到老年持續被綁，沒有任何辦法阻止；

(3) 若從家裡被綁時，一定穿牆過戶，或從屋頂直接穿出去；

(4) 白天被綁的機率與夜晚睡覺時被綁的機率差不多；

(5) 被綁者分布於全世界，各行各業，沒有特定族群；

(6) 外星人一定是用心電感應與被綁者溝通，不會開口說話；

(7) 被綁人若是女性，一定會被植入胚胎，懷胎一段時間，然後被取走；

(8) 若一個被綁架者與非被綁架者結了婚，下一代一定全部都會被綁架；

(9) 外星人從來不透露他們來自何處；（編註：這一點與希爾夫婦事件以及某些劫持事件不吻合）

(10) 綁架後，外星人會將人的記憶徹底消除，大約 95 ~ 99% 的人完全沒有印象，只有少數、經歷過無數次綁架的人，才會有零星記憶留存。

根據傑可布斯上個世紀 90 年代的調查，最保守估計，全美約有 600 萬人被綁架過！

如果讀者略有涉獵外星人綁架案的調查，就會發現傑可布斯所言非虛。1990 年，有一位美國催眠師，名為雷蒙・佛勒 ( Raymond E Fowler)，他將為婦女貝蒂・安卓生 (Betty Andreasson) 催眠後，抽絲剝繭、詳細記述的外星擄人案例出版成書；名為守護者 (The Watchers)，內容百分之百符合傑可布斯所言。貝蒂在多次催眠後，發現兒時起即遭外星人挾持，在那些有如「大法師」電影情節般騰空飛起，或備受驚嚇的另一空間剖腦、開腹實驗中歷經屈辱驚嚇的過程，豈止痛苦不堪可形容；最令她難以置信的是，竟然發現自己的兒女也遭綁架，進行同樣可怕的手術程序。而那些外星生命卻自言如此做的原因，是執行「守護者」之責。我們也會發現許多原本對外星生命驚恐萬分的調查研究者，後來卻相信他們是當今人類的「守護者」，猶如洗腦過後的信徒，轉變令人不可思議。

外星生命到底是「守護者」還是「掠奪者」？我們對此嚴重存疑；因為歷史上許多殘暴的統治或殖民者，意圖變造、改寫殖民地真正的血脈與歷史，以期完全掌控、吸附存活於被謊言欺騙的百姓身上，使其「認賊作父」之例，比比皆是。如中國共產黨要中華兒女堅信自己為「馬列子孫」堪為一例。從此觀點來看，外星生命說自己是「守護者」，似未能輕信。然而他們大規模計畫，隱藏暗處且偷偷進行這樣的工作，應有一段很長的時間。

傑可布斯研究發現，80、90 年代，外星人會將一些長相奇怪的混血嬰兒 (Hybrid) 交給被綁架者，要他們哺乳。即使被綁者對於這個嬰兒毫無懷孕、分娩的記憶，卻很自然的感覺自己與手中的孩子有血緣之親，開始餵奶，奇怪的是，身體竟也分泌出乳汁……。然後，隨著時間過去，這些外星人會重複綁架他們回來，教導這些與混血的外星人孩子人類的生活方式，如怎麼分辨動物、如何排隊用餐，使用金錢的規則，如何擺放家具……等。傑可布斯提到外星人讓被綁者觀賞螢幕上放映戶外烤肉的畫面。然後被綁者在腦中聽到外星人詢問：「你能分辨得出『我們』與『你們』嗎？」被綁者困惑回問：「甚麼意思？每個人看起來都像人啊。」外星人回應：「這不是很棒嗎？很快我們就會在一起了。」被綁者問：「很快是多快？」外星人回答：「大約是 15 到 30 年。」

從 2003 年開始，許多被綁架的受害者描述，來綁架他們的不是外星人，而是這些長得像人類的混血兒了。傑可布斯的結論是，外星人是在執行混血計畫。這些外星人也有等級之分。長得像螳螂昆蟲般的外星人等級最高，次之為大灰人、小灰人；與地球人混血的外星人等級最低。即使如此，他們也擁有輕易操控人類的能力。

外星人為何要混血？他們最終目的是甚麼？雖然沒有人能斷定，但整體計劃的周詳與龐大，令人不寒而慄。

這些學者專業調查的研究，讓我們漸漸瞭解外星人的混種人類計畫。而近幾年義大利、墨西哥、美國等地都傳出了親見外星人混種的報導，清晰的圖片與實體，使人不得不正視這些令人震驚的事實……。

# 3-3 可怕的外星混種寶寶

## 義大利女子產下外星人混種嬰

許多被綁架的人在催眠時，聲稱他們產下甚至哺育了這些人類與外星混血的胎兒，但是往往查無實證，僅限於他們在催眠時的說詞。2009 年，一位 41 歲的義大利女子喬瓦娜 (Gionanna) 產下外星混血胎兒，從她手機拍下的飛碟影片、外星人身影，以及醫生為其流產後看到的畸形胎兒，有大量的證據顯示外星人混種並非虛構【1】。

義大利的 Mediaset 電視公司，在 7 月播出喬瓦娜的故事後，立即震驚歐洲與義大利。喬瓦娜自稱自己從 4 歲起遭外星人控制，她說：

「我記得空中盤旋著一個飛碟，它有著金屬的顏色，我不記得我怎麼進入飛碟裡的，我看到自己漂浮著，四個生物包圍著我，我看到自己沒有被綁著，他們用心靈感應告訴我不要動，我不會有任何事，他們要對我做些事情。」「他們主要檢查了我的生理構成：組織、血液……。」

喬瓦娜的身上有一些疤痕以及一些磷光。她身上發出的磷光，是那些外星人皮膚上的一種物質，她解釋說：「它被用於控制我的身體，也被當作絕緣物質使用。所以他們不會從我這裡感染病毒，我也不會感染他們的。」

科技人員到喬瓦娜的房間採取樣本，從她衣服中發現了那種發光的物質。當實驗室分析這種物質時，發現這種發光物質不是自然界產生的「雲母矽物質」。研究人員說：「它並沒有包含能自然產生磷光的硝酸磷物質。這是一種非常奇特的物質，這種物質的電子非常活躍，產生了一個巨大的磁場，這就好比我們把磷放在粒子加速器中，但喬瓦娜不可能在家裏做到這些。」

經過放射檢查後，證實她的腦中有植入物，檢測顯示無法鑑定這個物質，她驚訝地說：「這簡直不可思議，沒有任何疤痕可以看出這個東西是從哪裡進到我腦中的。」

發現植入物後，她立即被送去做進一步的檢查，令人驚奇的是，醫生發現了一個與嬰兒相似的心率，但奇怪的是，卻看不到胎兒。由於這個胎兒引發了併發症，醫生決定不管是否看到胎兒，都按照常規給她做人工流產。沒想到，手術順利，還真流產下一個成形胎兒。所有過程都被拍攝下來。

當醫生看到那個死胎時，驚恐萬狀。原來這是一個人類與外星人的混種嬰兒。有四肢、手腳，身體，但長相像極了外星人。實在恐怖！

外星人欺騙喬瓦娜說，人類是一種生理兼容種族，從基因上來講，人類這個種族最接近外星人種族。所以，喬瓦娜相信自己這樣做可以幫助他們。她說：「我們正在幫助（外星人）創造一種混血種族，他們的種族正在滅絕，除非我們幫助他們。」

在接受專訪時，曾好心想幫助外星人避免種族滅絕的喬瓦娜無法置信地哭著說：「這是一個畸形、怪物！」

外星人在女性受害人毫無知覺的情況下進行人工受孕的例子非常多。懷孕 2 到 3 個月後，受孕婦女被外星人中止妊娠，表面看是不明原因的流產，實際上是外星人取走了胚胎。對受害者而言，這是一個極其恐怖的經歷，她們多次流產後懷孕、懷孕後流產，到了年紀很大時還沒有自己的正常兒女降生。

目前為止，被外星人強迫受孕的女性，她們的流產都非正常流產，實際是藉由假流產由外星人把孩子帶走了。只有義大利女子喬瓦娜是醫院人工流產的。看到這個流產出來的怪物胚胎，大家都震驚不已，此新聞轟動整個歐洲。

## 巴西孕婦胎兒消失的真相

2014 年 1 月，英國《每日郵報》報導巴西一則新聞：一名孕婦聲稱產檢一切正常，也透過超音波看見自己寶寶好動的模樣，不料日前進行剖腹手術醒來之後，醫師告知子宮內根本沒有寶寶，一切都是自己幻想。

報導指出，這名產婦日前赴醫院進行剖腹手術，準備開心迎接新生命，未料，甦醒後聽見醫師告知子宮內根本沒有胎兒，醫師並說這一切都是產婦自己的幻想，產婦的丈夫卻表示，日前陪妻子產檢時，親眼看見自己寶寶在腹中的活動情形，且多次產檢狀況都正常，寶寶怎麼可能憑空消失。消息立刻登上國際版面。以為醫院有偷取嬰兒之嫌者有之；對照前則外星人讓婦女流產，以偷取人類胚胎新聞來看，是外星人所為亦大有可能。

## 是掠奪者還是救贖者？

針對外星人的研究發展， 尤其是到了後期，有一個令人驚異的現象。那就是有一些研究被外星人綁架事件的學者，竟然一反已往將其視為邪魔般非我族類的外星人之疑惑恐懼，變成歡迎與信仰。

2011 年，芭芭拉．藍博 (Barbara Lamb) 在中西部飛碟網絡 (Midwest UFO Network，簡稱 MUFON，1969 年成立，為一個調查與宣導不明飛行物的研究機構 ) 中演講【2】，令聽者瞠目結舌。她自言身為一位精神治療醫師和康復治療師，至少為 2000 名以上遭遇過外星訪客的人做過催眠回溯。透過這些資料，她整理出外星人有許多種類：有如第二章提到的金星女人，以「靈魂替代」地球人的外星人；有多次傳出挾持人類的灰人、螳螂人、蜥蜴人；也有其他看來類似地球人的族群。這些外星人劫持地球婦女，或是透過科技方式獲得精子與卵子，或是透過不堪的強暴與雜交，最終目的，都是為了強迫人類與外星人混血。

至於為甚麼要大規模混血地球人呢？芭芭拉說有些是為了調查實驗，有些是如此才能延續自己瀕臨滅亡的種族，有些則是聲稱「要使地球人更加完美」。而培養混血人的方式，大多是由不知情的地球婦女懷孕一段時間後，再移至外星人體內，或是透過屠宰牛隻所擷取的營養液中的培養皿。這也解釋了目前全球生育率大幅降低，以及各處發現大規模牛隻伴隨著不明飛行物出現，遭受屠宰、截肢的現象。

芭芭拉還宣稱這些可怕的侵入者這樣做的理由，是因為對人類有著「無條件的愛」，如此的說法難以置信，甚至不堪入耳。因為外星生命操控人類的「合理性」不僅僅有邏輯上的問題，也破壞了人類古老文化奉行已久的道德倫理觀。例如她提到外星女子為遂其混血目的，會幻化成美艷的女人以誘使男子與其交合，當其恢復成鬼魅般的原形時，男子驚嚇指數豈止「破表」可以形容。正統文化向來將「忠貞」、「純潔」、「守身如玉」視為基本大節，如此視混種雜交為常態、強行掠奪為「愛」，不啻為荒謬詭異、非我族類的異論。

在芭芭拉的演說中，認為目前地球混種已經進入第三個階段。第一階段混生出的外星人不僅可怕畸形，且生命力不長，無法在地球生存；第二個階段是這些混血人大致具備人類樣貌，也更強壯了，可以在地球與外星生存；而她在演說中最後展示出第三階段的混血人圖片，儼然就是名模般的俊男美女。她聲稱這些人就是地球的未來，描繪出一幅美好的遠景。

芭芭拉的說法是真是假姑且不論，有趣的是自稱與地球人同源的「昴宿星人」就持反對意見，並高調反擊。

關於昴宿星人的主張與「教導」，在網路上可以找到許多影音資料。據說昴宿星人是乘著太空船來到地球，平日行跡神祕，不與人接觸，僅透過幾個地球人代表發言。昴宿星人聲稱小灰人、蜥蜴人等邪惡的外星人已經操控並掠奪地球資源好幾個世紀了。他們奴役人類、任意修改人類基因組，使人類原有的DNA12股螺旋，只剩下了2股，切斷人類與內在本性的連結，人類就失去了許多能力，變得更為負面與獸性，更容易驅使奴役。這些邪惡的外星人因為知道他們的基因遠遠不如人類神聖的起源，因此竭力要掠奪、挾持人類，製造墮落與災難，灌輸人是由猿猴而來的謊言，都是為了毀滅人類。

邪惡的外星生命操控人類，導致人出現種種謬論，自行斷絕與「神」的聯繫。昴宿星人甚至點名世界上許多有名有姓的財團家族，聲稱他們被邪惡外星人所控制，成為傀儡。而善良的外星生命選擇現在來到地球，是因為地球正面臨一個重大改變的階段：光明的力量開始不斷增強，人類終於有機會從被奴役的沉睡狀態醒來，這是一個前所未有的關鍵時刻。

閱畢上述資料，讀者必然滿腹疑問：外星人眼中，人類已風行成主流的「進化論」竟是謬誤？在排神思想盛行的今日，他們也肯定「神」的存在？高科技的外星人竟然也會面臨滅絕？反觀目前科技日新月異，但人心淪喪、靈魂無所歸依、災難不斷，全球不孕症、少子化益趨嚴重……，是否給了我們一些警訊？

上列摘述各方對於外星生命的想法與意見，不免有些雜亂，也很難知道為何人們對外星生命的觀點，會從「妖物」到「守護者」如此巨大的改變？而以下由記者袁昊採訪報導，刊載於《新紀元周刊》第 30 期的《美國婦女和她外星人「朋友」》【3】一文，即詳實描述了從小就被外星生命掌控，為其生育混血後代的一個地球女子自白，或可彌補「見林不見樹」之憾……。

## 美國婦女黛碧與外星人世界

在1998年秋天的一個晚上，美國肯塔基州東部一個名叫阿吉萊特(Argillite)的小城。大約10點30分到11點之間，一位37歲的婦女黛碧・雷納德(Debi Reynolds)開車到離家裏不遠的一個山上去看月蝕。她剛一出車門，充滿淡淡月光的天空，突然變得漆黑一片。

隨後地上再次出現光亮，黛碧一抬頭，赫然看到天空中有一個巨大的物體，非常巨大，巨大得遮住了整個天空，看不到它的邊緣。據黛碧描述，大物體距離地面大約有500到1000英呎。那個龐然大物發出的光照在地上，它的底部又能把地面的景象反射進去。

突如其來的變化令黛碧吃驚，但是她也沒有感到害怕。正在此時一男一女突然現身，來到她身邊。他們的穿戴很正式，男的穿著漂亮的黑色西裝、藍襯衫、打著領帶；女的穿著裙子和深灰色的套裝，他們還穿著深色的鞋。

黛碧問他們：「你們是誰？」那個男的回答：「妳知道我是誰。」黛碧說：「我不知道。」那個男的說：「妳的內心深處是知道的。」黛碧說：「不知道，我不知道你是從哪裡來的。」

那個男人抬頭向上面看，黛碧也抬頭向上面看，看到大物體下面反射著地面。這時，那個男的又問：「妳現在知道我是誰嗎？」她說：「不知道，看不出來。」那個男的說：「是我，布萊斯壯 (Blastraun)。」

黛碧一怔，馬上哭了，說：「好久不見！」這個名叫布萊斯壯的「男人」正是黛碧闊別多年的外星人「朋友」。

這個場面不是科幻片裏的離奇鏡頭，而是黛碧在現實中切切實實經歷的真實片段。

## 湖中的巨大外星人城市

1964 年，當黛碧只有三歲的時候，在一個白天，黛碧正在家裏的客廳玩玩具，她的小貓在旁邊。突然貓開始發出尖叫，黛碧抬頭往上看的時候，兩個矮小的外星人出現在面前。

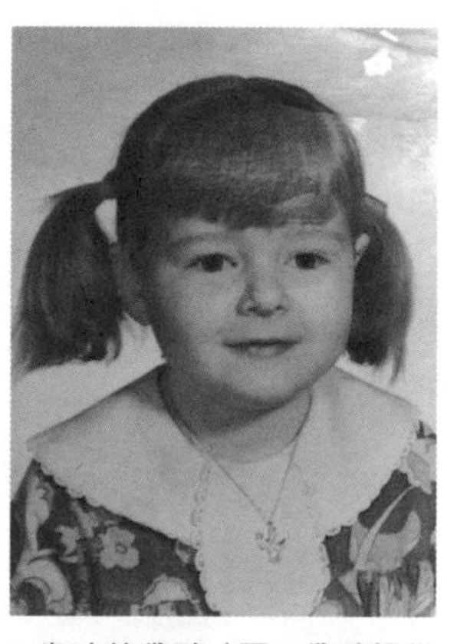

3 歲時的黛碧（圖：黛碧提供 / 新紀元周刊）

兩個外星人只有約四英呎 (121 公分) 高，一個高一些，另外一個矮一些。他們的皮膚是灰色的，眼睛非常大。

其中那個高一些的問黛碧，「我叫布萊斯壯 (Blastraun)，妳叫什麼名字？」

黛碧回答：「我叫黛碧。」

外星人說：「妳願意跟我走嗎？」

黛碧說：「我願意。」

他們大體上長得一樣，布萊斯莊四英呎高，頭是圓的，沒有頭髮。有兩個大眼睛，一個小鼻子，嘴巴很小，裏面有牙齒，有舌頭。

他們有四個手指四個腳趾，不穿鞋，是光著腳的。皮膚很鬆很軟，可以捏著提起來。皮膚是灰綠或灰藍色。

他們身上發出一種奇怪的味道，有點像蛇的味道，也有點像下雨前空氣的味道。他們也吃飯，用說話或者採用思維傳感交流。

黛碧回憶道，她感覺他們之間講話是採用英語，但是她不是很肯定。布萊斯莊可以用思維傳感的方式交流，也可以講話。黛碧告訴記者，她感覺他們不用思維傳感的方式的時候，就會用英語。黛碧說，因為記憶不是很準確，也可能是另外一種語言。

黛碧說，他們能夠變成任何東西出現，可以變成動物或者人類，「也可以變成你認識的任何人。」

那個叫布萊斯莊的外星人把她帶出去，在空中飄行到了密西根湖，然後又開始在水上漂流。他們在水上走了很遠，然後就開始下降。下降的過程中，黛碧看到周圍都是水，她感到非常恐懼，但是她的身體並沒有濕。布萊斯莊告訴她，因為她的身體被一層空氣包圍著。

在水中遊走的奇特經歷，黛碧現在仍記憶猶新，她說：「那是非常恐怖的一種感覺，直到現在我還怕水，不敢再下水，我從來不敢去游泳。」

他們在水中走了很長時間。開始離水面近的時候，水中可看到有光線，隨後逐漸變暗，愈來愈暗。記不清過了多久，漸漸看到下面出現光亮，慢慢的越來越亮，再往近走的時候，眼前赫然出現了一個巨大的城市，這個城市大得看不到邊緣，但是她能看到它是被水包圍著，就像是在一個巨大的水泡裏面。

黛碧說，她不知道他們是如何進入到城市中的，這個過程她沒有記憶。在城市中沒有水，但是當她向上看時，上面到處是水，但是落不下來，也沒看見有玻璃把水擋在外面。

城市裏面有很多建築，都是金屬的建築，建築的形狀各式各樣，有的像是圓的，也有方的，都不一樣，具體的記不清了。窗子也是各種各樣的形狀，但是沒有玻璃。

城市裡面有很多外星人，有的在工作、有的在說話、有的在玩，到處都是，就像我們人類的城市一樣的景象。

樓裏有很多外星人和地球人，地球人都是和她差不多大小的孩子，大約有10個左右。他們在那裡說話、玩耍。

黛碧對於她是怎樣回來的，沒有任何記憶，只是知道整個過程大約經歷了兩、三個小時。等黛碧意識到在自己的房間裡時，仍然是白天。

黛碧的媽媽以為她睡著了，黛碧講述剛才的經歷，媽媽覺得她在胡說，是想像的，並警告她不要和別人說。

## 玻璃片與特殊的雀斑

黛碧回憶，在六歲那年，她又一次被帶到「泡泡城」裡。黛碧還記得，這次布萊斯壯把她帶走的時候，她家裏同時出現了一個和她長得很像的人，做她的「替身」，在她的家裡玩。黛碧說：「這樣我的媽媽不會知道她的女兒消失了。」

從那以後，每隔幾年，布萊斯壯就要來找到黛碧，帶她到「大水泡」裏去玩，然後再把她送回去。整個經過大約歷時幾個小時。在黛碧小的時候，布萊斯壯來得比較頻繁。

在水泡城裡面黛碧還經歷了身體檢查。一些像地球人的孩子們輪番走過了一處發出特殊光線的地方。她曾經躺在那裡，一個像探頭一樣的東西在上面動來動去。

接著他們給黛碧腿上植入了一個黑色的玻璃片。那個玻璃片很小，有指甲般的厚度，寬大約有 1/8 英吋，是三角形的，但是邊緣是鈍的，周圍還有點線組成的花紋，就像裝飾品一樣。

他們把這個小玻璃片安置在黛碧的膝蓋以下小腿前面的部位，也沒有痛的感覺。

在第一次去「泡泡城」回來後，一個夜裡，具體時間記不清了，黛碧突然醒了，看到一條藍色的光從天上下來進入植入玻璃片的地方，從那以後，每過幾年就會有光從天空下來，到那個植入玻璃片的地方。黛碧對這些經歷的細節記憶都不很清楚。

美國婦女黛碧右腿的膝蓋下面大約1/3處，有一處顏色略深的區域，是外星人給她植入小玻璃片的地方。（攝影：新紀元周刊 / 陳雷）

1992年的時候，黛碧和丈夫一起到朋友的農場去看月亮。他們到一個小水塘去釣魚。當時一個光束從天上下來。黛碧抬頭的時候，看見天空中下來一道大約一英吋寬的光進入她的小腿，進到植入玻璃片的地方。

緊接著黛碧就失去知覺，醒來後看見丈夫在哭。她的丈夫告訴她說，剛才他們被外星人劫持到一個飛行器上，然後那些人往他的眼睛、鼻子、生殖器等處塞金屬的東西，折磨他，他感到很痛、恐懼。

這件事後不久，仍舊在1992年，黛碧把這個玻璃片取下來了，放在一個小瓶子裏面，密封好存起來。大約過了一年後，當她想拿出來做化驗，看看到底是否是人類的玻璃時，打開小瓶子，那個小玻璃片就不見了。她的丈夫說也沒有動過那個瓶子。從此後再也沒有見到那個小玻璃片。

黛碧身上還發生了和神奇的玻璃片有關的另一件事。黛碧身上長有很多雀斑。但是，她很小的時候就發現，其中長在胳膊上的一個雀斑很特別，和別的都不一樣，覺得裡面有什麼東西。

黛碧想把它摳掉，但是每次都未能如願。後來她找醫生，醫生說這是痣 (Mole)，沒有什麼特別。

大約是 2007 年，這個特殊的「痣」突然消失了，而其他的雀斑還在。黛碧懷疑這個「雀斑」裡面有植入東西，就像腿上的那個一樣。

在她的記憶中，在多次造訪水下城市後，她還有過幾次進入外星飛行器的經歷，不過每次都記憶不深，好像被抹掉了，特別是出入飛船的中間過程很模糊。

黛碧說，過去也經常出現，對於自己的經歷，有的時候記得很清楚，而有的時候又很模糊。她也懷疑有些接觸可能是在她完全不知道的情況下發生的。

黛碧說，每次她和外星人遭遇，聚集在一起都是完全一樣的一些人。黛碧感覺布萊斯壯在外星人的「社區」中就像是一個小頭目，或者是上尉之類的。他有一次問布萊斯壯為什麼會這樣，布萊斯壯回答說：「每次都是我召集的，把大家找來聚在一起。」

不過這樣的聚會在黛碧年輕的時候比較多，隨著漸漸長大，和她的外星人朋友的接觸也日漸減少。特別是到了九〇年代，已經有很長時間和布萊斯壯失去聯絡，直到 1998 年出現本篇文章開頭出現的那一幕。

## 外星飛船上的「環保教育」

黛碧回憶道，1998 年在山上經過短暫交談後，布萊斯壯就帶她飄進飛船。進去之後，布萊斯壯和那個女人都變回外星人的模樣。

飛船裡面很亮，但是沒有燈，也看不出來光是從哪裡來的。裡面非常大，有很多房間，也很多人，包括地球人和外星人，有人在說話、有人在吃飯、有人在工作。大約有十個左右的地球人，依舊是原來她見過的那些人。

在飛船上，布萊斯壯給黛碧看了太陽系、地球的照片，然後給她看了一些非常悲慘的照片，顯示了地球上的嚴重污染、戰爭、缺水、浪費資源等，照片上一些動物死亡了，還有些動物還活著，其中包括一些以前從來沒有見過的奇怪動物。

還有一些非洲黑人生活在貧困中的圖片，他們躺在骯髒的地上，痛苦地呻吟，一些人在死去。布萊斯壯一邊給黛碧看照片，一邊解釋說地球人應該重視環境，減少污染，不要浪費水電，還勸黛碧不要做一個污染環境者，要愛護動物。看了這些，黛碧感到很悲傷，傷心地流了淚。

在飛船上，黛碧也看到了另外一些種類的外星人，其中一種是個頭很高的，至少有七英呎（213 公分）或更高，但是非常瘦，看起來就像籃球運動員。他們的頭髮是棕色的，皮膚是白色的，看起來很漂亮，比布萊斯壯那種類型的外星人漂亮。

飛船上還有另外一類外星人，只有那麼兩、三個人，他們的皮膚是花的，就像蛇的皮一樣的顏色。他們在那裏操作一些儀器，就像工程師一樣。黛碧和他們之間未交流。

在大飛船上也有很多食物，包括人類的食物，和一些她沒有見過的奇怪水果和蔬菜，也有像肥肉一樣的東西，還有一些像昆蟲一樣的東西。她吃了一些人類食物。而那些奇怪的食物，外星人告訴黛碧，有些她可以吃，有些不能吃，否則會生病。

## 特殊的嬰兒

過一陣子，外星人把黛碧帶到了一個大房間，大房間裏有很多嬰兒，大約有 50 個，他們很像人類的嬰兒，但是又不一樣。他們的臉部、嘴、鼻子、耳朵像人類，但是頭和身體都是外星人的結構，很瘦高的，大約有 2 英呎長（約 61 公分），沒有頭髮，發育程度感覺像人類中 6 到 9 個月的嬰兒那麼大小。

這 50 個嬰兒都是一類的，但是每個嬰兒的特徵又不同。外星人給黛碧遞過來其中一個嬰兒。

黛碧清楚記得，當她一碰到這個嬰兒的時候，立刻感覺到那個嬰兒是她的孩子，非常強烈的感覺，黛碧就哭了，使勁捉住不想鬆手。

黛碧說，當時她就想把孩子帶走，但是外星人告訴她說，他們不能跟她走，因為她無法養活他們，而她也無法在這裏待太久，否則會生病的。

黛碧說，那些孩子有的在哭，有的發出嬰兒似的叫聲。他們的叫聲很特別，就像貓在打呼嚕發出的聲音 (Purring sound)。黛碧說，朋友告訴她，她自己睡覺時也會發出這種聲音。

黛碧當時問他們這些孩子是誰、從哪裡來的？那些外星人笑而不答。

黛碧表示，她自己沒有孩子，在那次見到那個孩子之前，沒有任何母愛的感受。可是那個時候碰觸孩子時，那種發自內心的母愛感受使她自己都感到詫異。直到後來發生的事讓她回想起這個場景，才知道發生了什麼。

從那個大飛船回來後的第二年，即 1999 年，黛碧流產了。她發現下體突然流血，流出血塊，但是自己並沒有意識到是流產了，到醫院檢查後，醫生告訴她是流產了。但是醫生並沒有找到胎兒。醫生猜測說，可能是黛碧在流血時胎兒隨著血掉在廁所裡面了。

這次流產使黛碧想起了自己以前的三次類似的經歷。

1999 年這次流產，使黛碧懷疑之前的三次流產，孩子都是被外星人給偷走了。她覺得可能是在外星人用了她的卵植入了他們的精子，然後又利用了她的身體把孩子養到一定程度後，他們就把孩子弄走了。

黛碧還認為，在最後那次外星人帶她上飛船的目的，就是讓她去看自己的孩子。

1【Youtube 網站】〈義大利女子被綁架並產下外星嬰兒〉https://www.youtube.com/watch?v=yHDsqCx0QjI

2【Youtube 網站】〈外星 / 人類混血 - 他們是我們的未來嗎〉

http://www.youtube.com/watch?v=O3DPFgxNw2w

3【新紀元周刊】第 30 期〈美國婦女和她外星人「朋友」〉一文 http://www.epochweekly.com/b5/032/3455.htm

## 第4章

# 揭開外星生命的真相

外星生命到底是什麼樣的存在？是神？是鬼？是妖魔……？時至如今，瀏覽眾多資訊，歸納各界資訊與說法，我們大約可以勾勒出外星人的樣貌，歸類要點如下：

外星生命種類繁多；若要歸之於神恐遠遠不夠格，歸之於妖魔鬼怪庶幾近之。他們或者具備人形與卓越智能，公開、高調宣揚精神信仰與自成一派的靈性學說（如前述的金星女子）；有的卻以小灰人、蜥蜴人等非我族類、醜陋可怕的型態出現，以躲躲藏藏、黑暗隱蔽的方式進行活動（如挾持人類的外星生命）；還有透過附體、代言、以思維傳感等方式傳達出來的外星生命訊息，虛實參半、難辨難分。到底這些異類是神乎其神的「救世主」，或是非我族類的「鬼魅妖物」？智者自得要細細分辨……。

## 4-1 典籍溯源 天眼看外星生命

到底外星生命是神？是人？歷數目前眾多外星生命研究專家與論點，傾向認為他們是「科技高於人的存在」，更甚者，認為他們就是歷史上出現的「神」。他們把宗教中的佛光、天使的聖光，與飛碟發出的光混為一談，把歷史上偉大的文化，說成是外星人所傳。透過某些挾持人類的外星生命散布此說，許多人也開始對「外星生命是神」、「歷史上許多偉大的覺者是外星人」的說法半信半疑。而外星人掌握生命科技，創造混種人，是否可與「造物主」相提並論？這樣的觀點，讓千年來信仰堅定的神職人士也開始轉向。

## 從古老傳說典籍看外星生命

其實人類對外星生命，早就以「魔物」視之。2013年，由英國倫敦科學博物館策畫，全球超過500萬人次瀏覽的「外星人探索特展」(Aliens)來台巡迴展出。展覽當中，可見「外星人」在人類歷史上最初被發現時，皆被視為與妖魔鬼怪，和「吸血鬼」、「狼人」等邪端異物劃分為同一類。這樣的說法甚為合理：一個不具人性，卻又有超凡能力的生命，當然與「鬼魅」無異。

的確如此，對照佛經記載，外星生命此種具特異能力卻又無人性的特質，可歸類於佛經中六道輪迴所述的「修羅道」。佛教中的六道輪迴，指的是「天道」、「修羅道」、「人間道」、「畜生道」、「餓鬼道」和「地獄道」。由於修羅一類生前具大善行，所以不落人間道、畜生道與地獄道、餓鬼道；並且具有凡人望塵莫及，類似天神的力量與知識。但因修羅道福德不足，常帶嫉恨、嗔怒、鬥爭的墮落心思，因此不入神道；又因為殺戮成性、屢向天兵天將挑戰，妄想取神明而代之，又彼此自相殘殺；因此是人間不幸禍患的起源。古人稱大戰過後如地獄般的慘狀為「修羅場」，將其歸為妖魔鬼怪一類，庶幾近之。

基督教中對邪惡力量也有不約而同的看法：西方信仰當中，「魔鬼」的由來，原是天堂最美麗、最有權柄的天使起了魔性，心生驕傲後率眾叛變，被上帝從天堂驅逐後，墜落世間為魔。天使原是奉有天命，保護庇佑人類，因此在聖經「偽經」（基督教將古早流傳的正典著作，後來在宗教發展中不能確定內容真偽的經書，稱之為偽經）——《以諾書》(Book of Enoch) 中，這些墮落天使被稱為「守護者」(Watchers)，有趣的是，第三章中，我們也見到外星生命對人類自稱為「守護者」。

原是來啟發人類知識、引導人類向善的高層生命，當他們背棄了神的囑託與信仰、崇拜科技物質發展之後，只有走入異端。這樣的說法很合理。即使是一個普通人，當他違背了高層的囑託與使命，為了私利肆意妄為，何嘗不是妖魔的開始？

在艾利西·馮·丹尼肯 (Erich Von Daniken) 所著的《外星人的創世文本》，就提到根據《以諾書》描述，有 200 位墮落天使（守護者）因為對人類女子起了染指之心，就互相詛咒發誓一起叛逃，結伴成群的來到人間。他們不僅與人類肆行雜交，不同的墮落天使還傳授人類不同的知識與技術，如金屬加工、種植、占星術……使人離神日遠。

睽諸上文，再對照外星生命致力於混種人的發展、與各國政府合作，或是以思維傳感方式影響人類與世界科技的傳聞甚囂塵上，以及今日以科學為信仰、以科技為神明的文化氛圍，人類已經從仰望星辰、敬畏上帝的虔誠中開始聽從另一個世界的話語，走向了無神的深淵……。

為什麼「修羅道」或是「墮落天使」身有大能，卻要極盡所能的誘導或侵擾人類呢？理由如下：干擾與破壞人世，與神的旨意相違背正是邪物的本質。或許又有人會疑惑，為何眾神有靈卻束手不管，放他們禍亂人世？一方面是因為人背棄神佛，自遭天譴所致；一方面是因為根據「相生相剋」的道理，妖魔惑亂人世是為了考驗凡人成道成聖的必經之路，因此在神佛寬大的慈悲下，尚有這些邪物存活的空間。

「修羅道」雖有大能力，因「福德」不足，無法向上昇華入神佛之列。佛經上說，六道之中唯有人最易聞法修行，所謂「人身難得，佛法難聞，中土難生」；修羅道者若想在成、住、壞、滅的大劫來前，覓一求生之法，依附於人，在自己空間毀滅前找一個延遲生命死亡的「宿主」，似乎是絕佳的辦法。而西方的魔鬼妒羨人子、迫害人子，使勁誘惑、欺騙或附身人類，也是因為人類承受著上帝強大的庇護與慈愛：只要人類去惡向善，就有歸返天堂的希望，啟示錄卻明言這些墮落天使最後的結局：在大審判後，墮入硫磺火湖被銷毀。

人看似脆弱無助，卻因來源於神，能承載神的慈悲，而成萬物之靈，也成了瀕臨絕境的外星生命垂涎欲滴、妄想取而代之的目標。人體有多麼神奇呢？或許透過修煉而打開神通的人，就能瞭解箇中奧妙。

## 開天目的修煉人所見

本書擷取許多正法修煉者對於另外空間與外星生命的觀點，這是因為正法修煉者在拋卻名韁利鎖，淬鍊生命、純淨身心之際，不僅心靈會出現許多不可思議的神通與慧見，身體在微觀下也可以轉化、超越人類所在空間，洞見其他生命的真相。當然這種情況得要修為極高、道德極好的人士，才有可能出現。他們對於外星生命的觀點，可說極為珍貴，也極具參考價值。

有一位「遊方和尚」，自言中國雲南人，於 1990 年 25 歲時在緬甸猛臘某寺院出家，今年已 51 歲。由於他心性單純、根基異常，這一世很快就開悟了，雖未證得正果，但可以說神通大顯，不但知悉自己的前世因果，也能對其他生命的前世來龍去脈、三世因緣一目了然，更因此知悉外星生命的存在。遊方和尚說明「天眼」的功能【1】：

「其實天眼這個東西，一點都不迷信，完全可以用科學道理解釋。你比如，人的肉眼只能看見可見光，那些 X 射線、伽馬射線什麼的，人就看不見了。而比伽馬射線穿透力還強大的光線多了去了，可以說是無限多，而且是無處不在。松果體就能看到、感知到這些光線，所以能夠透視人體，能夠看到肉眼所不能見。普通人的松果體是被封閉的，通過修行呢，可以慢慢的打開這種封閉，使它能夠看東西。」

由於具備了天眼通，使遊方和尚不但可與各種生命溝通，還可以看到他的心中所想、前世宿命，也能與高層生命、佛祖與道家真人溝通，他赫然發現佛家、道家的法已無法度人，因這些正神已對世間事撒手不管；但都提點他將會有聖者傳大法度人，遊方和尚毅然雲遊四海，要尋找修得正果的法門。這也就是「遊方和尚」一名的由來。

就在這時，他遇到了兩個外星生命。他說：「嚴格地說，外星人就是動物。」

為什麼這麼說呢？人和外星人以及動物的本質區別究竟在哪呢？差別有二。遊方和尚解釋：

「一個是丹田，另一個就是泥丸宮，也就是松果體。丹田中儲存著宇宙中的先天之氣，這種氣是超越陰陽二氣的，又叫元氣，非常的珍貴。松果體呢，它是大千世界的縮影，你的靈魂就封印在這裏，裏面有你投生人世之前，佛給你留下的印記，為甚麼人人都有佛性，就是靠這點印記，這也就是你善良的本性所在。有了這兩樣東西，人才能夠修煉，才能配聽佛法。人身之所以珍貴，就珍貴在這兒。說人是萬物之靈，就是因為人身上有佛留下的印記啊。」

遊方和尚清楚說明外星生命與人的構造之不同。因為人有元氣與靈魂，是源自於神的根源，而這也是為什麼，無論外星生命表現得多麼奇異驚人，終究與人、神絕緣。

遊方和尚說那些高度科技發展的外星人，已知自己窮途末路。他們垂涎的是地球的上的文化和藝術，想要學習的是人對神的信仰，對他們而言，那是更高的科技。遊方和尚這麼描述：

「當今的世界上，人類社會中潛伏著數量驚人的外星人，他們來自不同的地外文明，這些文明的科技發達程度以及所走的科學路線千差萬別，但他們來地球的目的都是一樣的，就是學習文化藝術，學習人的道德規範，學習人對神的信仰。但是，這些外星人卻在有意無意中把他們的科技洩漏給了人類。現在所謂的高科技，比如核彈、電腦、克隆人（複製人）等等，百分之九十九，都是這些外星人搞出來的。這一點有的人早就知道，美國科技為什麼那麼發達，就是他們得到了一艘外星人的飛船，受到了外星科技啟發的緣故。

問題是，外星人雖然竭盡全力要信仰神佛，但他們畢竟還是動物，神是不會度化他們的。外星人在他們的星球上，仿照地球人的樣式，建造了規模宏大的教堂、寺廟，以及神佛的塑像，但是神佛還是不理他們，不度化他們。外星人沒辦法，於是就大批的來到地球上，偽裝成人類，企圖學著人類的樣子，讓神佛度化他們。這是不是很諷刺，科技高度發達的外星人，拚了老命要信神，而原本就信仰著神的地球人，卻把外星人的科技作為信仰來對待。」

驕傲並擁有科技能力的生命，無法獲得神佛的眷顧，只好偽裝成人、迷惑於人，想方設法奪取人類的軀殼，在苟延殘喘下祈求有得救的一天。

對某些人來說，或許上述這個說法很難令其信服。到底是否所有外星生命都是無一例外的邪惡？就許多人與外星生命接觸，認為具有人形的外星較為善良；而如蜥蜴或小灰人的外星生命就邪惡多了。不論如何，驟下定論似乎太過武斷。這裡，我們要推薦一種評斷方法，供讀者參考。

## 4-2 人體自有判斷事物的超能力

當一個擁有超凡科技與智慧的個體，向我們展示他神乎其神的能力時，要如何判斷他是善是惡、是神是魔？

這裡，我們推薦讀者一個從1964年發展至今，而在台灣由中山大學企管系楊碩英教授深入研究、證明並推廣的研究——「肌肉抗力學」(Behavioural Kinesiology)。

此一學問領域，最初是在1964年由美國整脊醫師喬治·古德哈特 (George Goodheart) 博士開始發展。他發現人體各部份較大的肌肉有病變時，肌肉力量變弱；若吃的食物、營養品、藥物或其他治療方法對該器官有益時，對應的肌肉力量會變強。古德哈特以現代科學系統累積十餘年的研究，發展出應用肌肉抗力學 (Applied Kinesiology)，並於1976年成立國際應用肌肉抗力學學院 (International College of Applied Kinesiology)。其後，國際預防醫學學會會長強·戴蒙 (John Diamond) 博士的研究則進一步發現，人體的肌肉強弱，尤其是手臂與肩膀間的三角肌，可測出實際或想像事物，對我們的免疫力有益或有害，這就是行為肌肉抗力學 (Behavioural Kinesiology) 的基本理論。如將對人體有害的食品，如「代糖」（會降低人的免疫力，對人體不好）放在胸口（即胸腺位置），可以讓此人的肩關節忽然鎖不緊，肩肌抗不住壓力。其1979所出版的《你的身體不會說謊》(Your Body Doesn't Lie) 是其著名著作。

接著大衛·霍金斯 (David Hawkins) 博士後續深入研究，更發現人的「肩肌」力量強弱，可測出任何「陳述」

中人事物的能量之正負，還能測任何「陳述」之真偽，大大地拓展其應用範圍。1995年出版的《心靈能量》(Power VS. Force) 對預防醫學貢獻卓著。國內中山大學企管系楊碩英教授自此書加以整理驗證，並依其描述實驗，發現人體肌肉對於事物正負、真偽都有驚人準確的判斷。

肌肉抗力學測試方法是兩人一組，一人實施壓手動作，另一人為被壓者。在一般情況，被壓者的手臂壓不下去，但當被壓者吃了品質不佳的精白糖、說謊，或是想像任何負面事物時，肩關節竟然會自然鬆弛，手臂成無力狀，輕鬆被壓下去。反之，以有機食品、真話或是正面事物測量，肩膀的力量就強到壓不下去，屢試不爽。在楊碩英教授發現舉凡各種事物都可測出能量，尤其當測試到「神」一詞時，能量是超級高，說明了身體是能感知到「神」的存在。

在企管界享有盛名的楊碩英教授，對於「肌肉抗力學」是在實證研究中，逐漸由存疑到堅信。在眾多採訪過程中，他提到非常多讓自己越來越相信這個方法準確性的例子。其中一例是他曾多次使用「肌肉抗力學」來測人的「前世」。有次他測人在美國的小舅子前世是誰。他以陳述句來實驗，從有沒有前世問起，是不是人類？是男是女？前世是哪個地區的人？美洲、亞洲、歐洲、非洲……？結果是歐洲。接著再測，前世是歐洲的哪個國家的人？只有在陳述「德國」時肩肌會鎖緊。再來，測試他前世的職業是甚麼？士、農、工、商……各種行業測試後，結果是德國陸軍上校。而且好幾組學生在不知道該結果的情況下測試，竟都得到相同的結果。

更令人訝異的是，當楊碩英打電話到美國把這個結果告知他的小舅子時，小舅子的反應是：「啊，怎麼這麼巧！你是第三個告訴我前世是德國陸軍上校的人。有一位西藏的仁波切和一位中國的高人也曾經告訴過我相同的事。」

楊碩英表示，一個人的前世變化凡人難知，而肌肉抗力學卻能重複測出同一結果，機率幾乎是億分之一，又可自不同管道印證，說明了這個方法的正確無誤。楊碩英教授也呼籲大眾能接觸善良正面的超高能量事物，杜絕負面事物傷害一己身心。他發現許許多多的流行音樂、繪畫、電影、電視、書籍、教育方式、理論……，即使是備受學者專家們推崇，甚至楊碩英原本也認為是很好的，測試的結果卻是對身心有害的。而純正的讀物與藝術，如大紀元時報、神韻藝術表演，則具有超高正面能量，後者甚至測不到頂，非常值得介紹給大眾知曉。

不僅外在事物有能量高低，霍金斯運用人體肌力學的基本原理，經過二十年長期的臨床實驗，累積了幾千人次和幾百萬筆的數據資料，經過精密的統計分析，發現人類各種不同的意識層次都有其相對應的能量指數，並且發現這些精神狀況（意識）都有落在 1 到 1,000 之間的指數值可代表，且 200 以上的指數值代表正向的能量，199 以下的指數值代表負向的能量，如下表所示。也就是說，人的身體會隨著精神狀況而有強弱的起伏。誠實、同情和理解能增強一個人的意志力，改變身體中粒子的振動頻率，進而改善身心健康。邪念會導致最低的頻率；當人想著下流的邪念，就在削弱自己。漸高依次是惡念、冷漠、痛悔、害怕與焦慮、渴求、發火和怨恨、傲慢，這些全都對自身有害。霍金斯博士直接指出：「提高生命能量最好的方式是保持一顆真誠、仁慈、友善、寬容的心。」

## 好壞事物無所遁形

「肌肉抗力學」顯示人體自有辨別事物好壞的功能。2012 年 12 月 11 日台視新聞報導，為了推廣此易學且受用無窮的神奇能力，楊碩英教授有段時間先後測試了 500 多人，受測者看到希特勒肖像，手臂就會立刻癱軟無力，看到德蕾莎修女的圖像，平舉的手臂，竟然變得有力，無法被壓下去。500 多人反應都一樣，令人嘖嘖稱奇，即連報導記者實際參與實驗，結果同出一轍。如達文西畫作「最後的晚餐」，手臂一樣能高舉，代表它傳達正面能量，

## 意識地圖

| 能量尺度 | 意識、精神層面的狀態 |
|---|---|
| 1,000 以上 | 神性 (Divine)：佛、上帝、覺者 |
| 900~996 | 博愛、圓融的智慧、內在祥和、清淨、喜悅 |
| 800 | 長期在逆境中堅忍不拔 |
| 700~799 | 寬容、自在 |
| 699 | 正直的人格 |
| 600 | 和平 |
| 570 | 善良 |
| 540 | 無條件的愛 |
| 500 | 愛、喜悅、平靜、整體的智慧 |
| 400~499 | 聰慧、理性 |
| 350 | 平等心 |
| 310 | 樂觀、助人 |
| 250 | 隨和 |
| 200 | 勇氣、真實 |
| 175 | 傲慢、輕蔑 |
| 160 | 疑心 |
| 155 | 懊悔 |
| 150 | 憤怒、怨恨 |
| 125 | 慾望、上癮、自私的愛 |
| 100 | 害怕、焦慮、狂妄自大 |
| 75 | 長期憂傷、沮喪 |
| 50 | 冷漠、絕望 |
| 38 | 貪婪 |
| 30 | 自卑、罪惡感、殺人 |
| 20 | 極度退縮、羞辱人格、殘忍、連續殺人犯 |
| 1 | 邪靈 |

註：台灣中山大學企管系楊碩英教授自《Power Vs. Force》加以整理驗證。

看到孟克名畫「吶喊」，又立刻手軟，代表是負能量，正負、高下立判。楊碩英教授也在介紹推薦時明確指出此法可以測出靈性騙子：使用肌肉測試能避免受騙，可以一邊看著電視上的布道家或「上師」，將聲音關起來，然後請人為你做測試。假上師將無所遁形。

筆者在綜覽外星生命資料時，不否認有一些外星生命的確表現良善、智慧，宣揚的訊息近似「傳教」。但無論多麼神乎其技，都無法造成大範圍的影響，所說的預言也多有失誤，時間久了，表現也漸漸與凡人無異。而其倡導某些亦正亦邪的言論，亦需聞者再三思索。最重要的是，許多外星生命以隱瞞欺騙、巧取豪奪的形式與手段在地球上遂行其目的，這在「意識地圖」的能量層級上，無疑是負面、負能量的表現，連常人的真實坦誠都遠遠不及，如何與光焰無際的「神」相提並論？

## 世界末日預言破產

在大衛・霍金斯依意識、精神層面所劃出的能量尺度量表中，當一個人表現出勇氣、真誠，能量等級高達「200」時，正是一個人朝向正面能量，將小我提升至的大我的重要起點。霍金斯根據長期以來的研究，測知人類集體意識能量等級停留在「190」達數百年之久，也就是負面、黑暗的能量長期盤據人心。80 年代卻突然躍升至 207，2006 年變成 204，2007 年則變成 205 ！目前人類的集體意識能量等級已經來到 200 以上，他認為 2012 世界末日預言的破滅，就是人類集體意識躍升的證明，也是意識地圖帶給人類終極的領悟。因此世界末日的預言自動破產，因為那是在人類意識等級低於 200 時做的預測。

霍金斯在其著作提到，當年英國殖民地的帝國主義因為以剝削為主要目的，等級僅有 175，因此無法敵過聖雄，甘地——能量等級為 700 的世間聖者；因為自古總是邪不勝正；能量低者必屈服於能量高者。霍金斯更明言：由於只要在地球出現一位等級達到 700、近神性化身者，即可抵銷七千萬個等級 200 以下的人；若不是有這些抵銷的力量，人類將無力制衡巨大的負面能量而自我毀滅。因此我們應密切關注那些宣揚無神論與鬥爭思想，以殘暴政權屠殺堅持修煉、邁向成神之路者的邪惡政權，它將是毀滅世界之黑暗力量與罪惡的最大來源。可知當今迫害善良信仰手段最為狠毒的中共政權，已成全球最大公敵。

外星生命大規模現身侵擾人界，儼然成為導師與救世主，正符合佛家「末法時期，邪師說法如恒河沙」之說；而慈悲的宇宙也不斷給予人類正確的智慧判斷之法與避難良方之門。人類心靈的提升，顯示正面力量漸漸掌控人類命運，也昭示人類正處於一個歷史性的關鍵點，未來令人充滿期待……。

## 4-3 地球成為外星生命爭奪焦點

研究外星生命的人，百思不得其解的一個問題是：究竟外星生命對人類目的為何？實際上，目前存在的多種外星生命，不僅外貌天差地遠，其動機與目的也大異其趣：有的外星生命表現形式良善、友好，宣說是為了讓人類擁有更美好的未來；有的卻機械、冰冷、行動神祕，陰沉如鬼魅。他們或者透過外星科技，或者極盡一己之力宣揚自身觀點，想對地球發揮影響力，甚至意圖混種人類，最終取代人類。不同陣營的外星人立場也不同，他們甚或互相攻訐、指控、征戰……，使人類備受威脅。換個角度想，這一點也不奇怪，因為在外星人眼中，地球原本就是他們的屬地，人類的出現是非他們所能掌控、預期，甚至企及的存在；因此當前的地球與人類生存的場域，成為這些舊居民各自競逐、角力的地方。

外星生命善惡難辨、種類繁多，彼此還發生互相攻訐揭發、警告人類的情況，說明面對外星生命的訊息，應該戒慎恐懼，三思再三思……。

## 從兩則警告人類的麥田圈說起

2015年的6月28日，在義大利都靈(Torino)出現了麥田圈，以拉丁文呈現，看起來是羅馬名詩人維吉爾（Virgil，西元前70年～西元前19年，被譽為古羅馬最重要的詩人）的詩《埃涅阿斯紀》(Aeneid)一文的段落。第一個字是「timeo」意思是「懼怕」，第二個字是「et」，拉丁文意思是「與」，但在現代白話文的意思是「外星人」，第三個字「ferentes」拉丁文意思是「帶來」。維吉

2015年6月28日在都靈出現的麥田圈，被認為傳達「小心帶來禮物的外星人」之訊息。(網絡圖片)

爾詩中的句子是「Timeo Danaos et dona ferentes」；原詩中譯為「小心帶來禮物的希臘人」，指的是木馬屠城記的故事：希臘人用木馬當假禮物欺騙特洛伊人得以進城，而後血洗全城；今日或可譯為「小心帶來禮物的外星人」。[2]

為何外星生命要警告小心外星生命帶來的禮物？所謂的「禮物」是高等科技嗎？或是以「救贖者」之名，所做的許多不實的預言，更甚是宣告給人類美好未來的虛假承諾？我們能相信提出忠告的是善良的外星生命嗎？而要人類小心提防的，又是哪一種外星人呢？至今尚有許多謎團未解，且此麥田內圈尚有許多代碼亟待破解。無論如何，這個警告令人不安。

讀者應當會對第一章所提到的，2001 年回應 1974 年美國太空總署的「阿雷西博」訊息，而在英國所出現的「奇爾波頓麥田圈」印象猶新；其精確無誤地回應並修正了地球人的問題，可說明確地向地球人宣告並證實了外星智慧的存在。就在翌年，幾乎同一天，英國麥田圈又出現一個匪夷所思的訊息：在接近英國曼徹斯特的克瑞柏伍德 (crabwood) 小鎮，出現了麥田圈的外星人臉譜圖案。這個圖案包含了一個地球人所認知的類似外星人的臉譜（但有一半呈現陰影，看起來頗為邪惡），和一個類似 CD 光碟的圓印，好像是編了密碼的訊息。

外星人臉譜以等間距的橫線構成，似乎是電視螢幕的橫紋線條；CD 編碼採用螺旋紋路，好像由許多框框構成。資訊數位科技程式編碼專家保羅・維格 (Paul Vigay) 破解了其中的密碼：首先，他在電腦中擴大了麥田圈呈現的 CD 光碟圓印，進行圖像分析。然後，他發現了奇怪的規律——用電腦的八進位式解讀光碟圖案中的框框形狀圖像，每隔一段就會出現一個數字的錯誤，也就是一束方形的麥稈倒下只剩下一半，而且頗有規律。他感到奇怪，自然地數一數這些出現的錯誤之處，並直覺的將他們轉換成美國資訊交換標準碼，一種標準的電腦語言，用他把電碼翻譯成字母。最後保羅得到了一個訊息，是用英文寫成的：

「謹防虛假禮物的帶信人和他們的失信
雖然有許多痛苦但仍然有時間
在外面那裡有美好的
我們反對欺騙
令溝通渠道關閉」

(Beware the bearers of false gifts & their broken promises
Much pain but still time
There is good out of there
We oppose deception
Conduit closing)

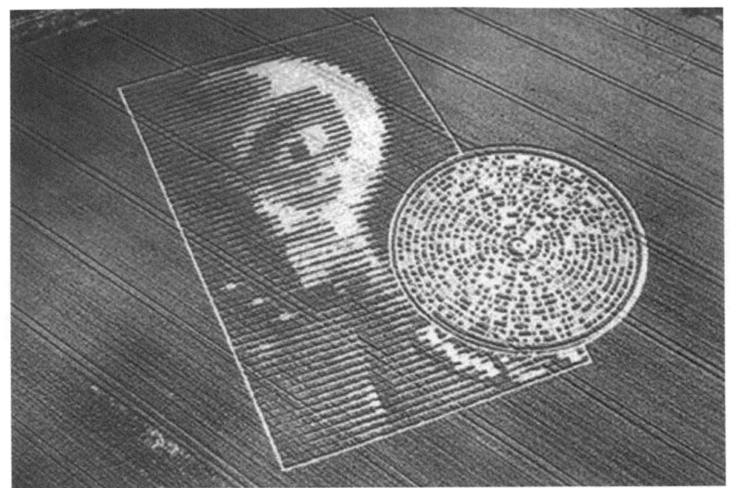

2002 年出現在克瑞柏伍德 (Crabwood) 鎮的麥田圈。( 網絡圖片 )

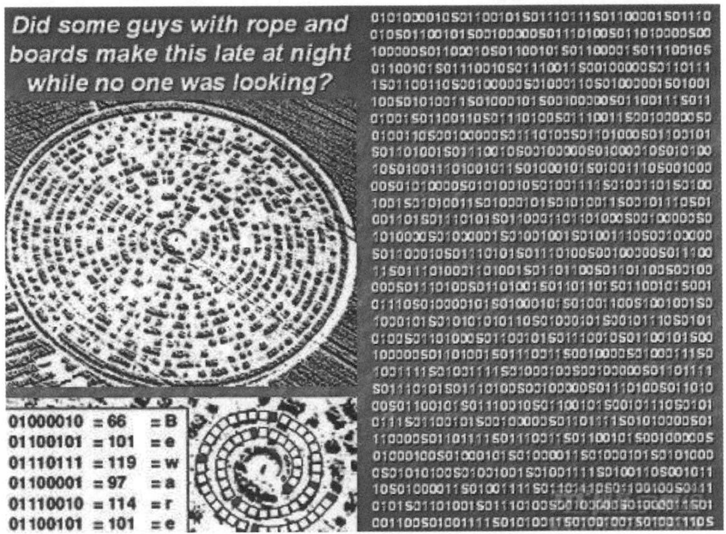


2002 年克瑞柏伍德 (crabwood) 小鎮麥田圈解碼過程。( 網絡圖片 )

這則如詩般的短言，內涵訊息令人感到震驚！呼籲人類對於外星人訊息要嚴陣以待，目前情況雖然緊急，卻仍有迴轉餘地。此訊息內容主要為表示反對邪惡的外星生命以欺騙方式對待人類，致使人類與其斷絕溝通。2002 年麥田圈那個陰沉的外星人臉譜（與前一年出現的人臉截然不同），是否就是人類必須提防的外星人？所謂「外面的美好」，又是意所何指？

懷特萊・史傳勃 (Whitley Strieber) 的著作——《解答交流之謎》(Solving the Communion Enigma) 對此問題有所見解：好心與壞心的外星人可能都會對人類有所隱瞞，原因不一：對壞心的外星人而言，人類一旦明白外星人的陰謀必會群起反對，因此壞心的外星人只有將行動保密；好心的外星人則儘量處於降低干預到最少的程度，好讓人類文明順著應有的軌道發展。無論如何，這兩個麥田圈都在警告人類對於外星生命應有所警覺，小心他們貌似好心面具背後的意圖，有可能會是人類史上看過最危險的騙局。

如果邪惡的外星生命能在科技上輕而易舉操控人類，何必躲躲藏藏、大費周章？因此專家學者推論，外星生命必然有所顧忌，只能以欺騙手法暗中進行邪惡計畫。那麼外星生命到底顧忌的是什麼呢？我們認為，極可能是畏懼人類的精神或靈魂的力量，因為那是他們垂涎卻無法企及的存在。

## 外星生命懼怕的心靈能量

許多正法修煉的人，都提到外星生命對他們感到非常好奇，但也極其懼怕；尤其是他們在打坐時所發出的能量，更是避之唯恐不及。一位山中打坐的老和尚，描述他與外星人打交道的經驗。[3]由於外星生命掌握科技，對各種能量都非常好奇，對於這位山中靜修的老和尚也不例外：因此老和尚數度與外星生命交談，那些外星生命的飛船就停在附近。有時，老和尚自身功能所發出光焰耀眼的輝光、各種功能，功的形態，能令外星人害怕的躲在飛船裡，不敢靠近。當老和尚打坐時，那些生命只能在遠遠的地方看，即使他們想方設法的靠近，無論如何都進不了老和尚的能量場。

正如前一節「心靈能量」的理論所示：意識、精神層次越高，其所蘊含的力量愈大。而「佛、上帝、覺者」更是這個宇宙中最大的能量來源。而修煉人就是邁向成神之路的人，所以外星生命恐懼其力量是理所當然的，且正如世間的邪惡害怕曝光一般，壞心外星人的所作所為一旦被人類洞察，必然大為削弱其威力。然而這需要人類的認清現實與覺醒，重返人類起源與文化的核心。

那麼，人類文化的來源與核心為何呢？人類文化世世代代以敬畏上帝；信仰佛、道、神的信仰為文化的基石，在世界各地發展出燦爛的文明。許多人也會承認，一旦人不信神、不相信善惡有天理制裁，一切崩壞只在旦夕之間。即如英國歷史學家湯恩比 (Arnold Joseph Toynbee，1889 ～ 1975) 在其被譽為「現代學者最偉大的成就」鉅著——《歷史研究》所言：「只要『神』不在一個文化的中心，這文明必然會分裂、瓦解，乃至崩潰。」環顧當世，抱持無神論的人比比皆是；而受科技與物質影響甚深的社會中，恐怕對外星人抱持希望的人，比對正統文化的神明還多呢。這樣看來，人類的確處於前所未有的危險境地中。

各種不同的外星生命據地為營，各懷不同目的，意圖影響人類。如果外星人能如此綿密介入我們的生活，是否也會介入人類的政府，意圖影響世界走向？即使國家政府與主流媒體噤聲不談，針對「地球上早有外星人，且與強權訂立契約」的說法，早已不是新聞。

## 惡魔協定、在 51 區工作的外星人

即使一再否認，「美國早與外星人訂立合約」的說法卻從未停息。2012 年，美國國防部前顧問提摩西・古德

(Timothy Good) 對《英國每日郵報》及 BBC 爆料，早在 1954 年，美國前總統艾森豪 (Dwight D・Eisenhower) 曾在墨西哥偏遠空軍基地三度密會灰膚矮小的大眼外星人，並且祕密簽訂合約……。[4]

根據古德描述：1952 年 7 月 19 日和 26 日兩天，在首都華盛頓的上空出現數架幽浮，於夜空中肆無忌憚的飛行，當時的總統杜魯門下令擊毀，不過愛因斯坦等科學家們皆強烈反對。1953 年艾森豪就任美國總統，在那一年中至少曾經有十架幽浮墜落，另外還發現了三十具外星人屍體，其中至少有四具是活的。

1954 年 1 月，新墨西哥州的赫魯曼空軍基地，在基地司令官以及席格曼人員的警備下，巨大的幽浮靜靜地降落在基地中，銀色光芒的機門無聲地打開了，接著出現的是身高在 1.35 至 1.5 公尺之間的矮小生物。這些生物的眼尾極端高吊，從頭到腳以灰色衣服緊緊裹住，臉部呈淡綠色，還有一個非常醒目的大鷹鉤鼻。

首次接觸外星人之後的一個月，即 1954 年 2 月 20 日，在加州亞得瓦茲空軍基地內，外星人與艾森豪總統正式簽定一項協定，這可能是歷史性的一刻。此項協議被稱為「惡魔的協定」，協定的主要內容有：

一、外星人與美國事務一概無關。

二、美國政府不干涉外星人的行動。

三、外星人不可與美國政府以外的國家達成任何協定。

四、美國政府保守外星人存在的祕密。

五、美國接受外星人的技術援助，相對的允許外星人可以以人體以及牛隻做實驗。

就這樣，這項被稱為「惡魔祕約」的恐怖協定就被付諸實行了。這也是人們合理懷疑，為甚麼大規模的外星人挾持事件發生，卻不斷被官方漠視與否認，甚至掩蓋的原因。因此，相信國際間的不公不義，乃至政府部門的罪惡衍生，都是因為外星人幕後黑手操控的說法，亦大有人在。

如果這個說法屬實，專門處理外星人事物的「黑衣人」組織、美國與外星人合作的祕密基地「51 區」，就不是空穴來風了。2014 年，一名頂尖的太空科學家布希曼 (Boyd Bushman) 在 8 月時辭世。臨終前他接受訪問，大爆驚世駭聞：許多來自外星系的外星人，目前正在為美國政府工作，且已取得美國公民身分。【5】

根據 2014 年 11 月《紐約每日新聞》報導，在美國也是舉世最大的太空國防製造業——洛克希德馬丁 (Lockheed Martin) 任職工程師的布希曼曾獲得無數專利。據說著名的「毒刺導彈」(Stinger) 即是他發明的。享年 78 歲的他，在臨終前不久接受過一段訪問，待其死亡後友人才將影片發布到 YouTube 頻道，立即引起震撼，短短時間點擊率超過百萬。

布希曼在採訪中暢談 1955 年墜毀在內華達沙漠、拉斯維加斯以北 85 英哩處的不明飛行物體事件，是千真萬確的事實。雖然當時在墜毀幽浮內的外星人已死亡，但是後來又有來自「坤吞尼亞」(Quintumnia) 星球的 18 名外星人來到 51 區。布希曼還對著鏡頭公開他所擁有的幽浮和外星人的檔案照片，以證實自己所言不虛。

布希曼說來自「坤吞尼亞」星的外星人，駕駛他們的飛行器來到地球的時間，大約是 45 分鐘。他們的飛行器有 38 支腳，這 18 名外星人中，有一、兩人已經是超過 230 歲的「人瑞」了，他們就住在自己駕駛來地球的飛碟上，且已幫美國政府工作多年，還具有公民身份。

布希曼稱這些外星人的身高約 4.5 至 5 英呎（約 130

位於美國內華達州沙漠區的「51 區」(網絡圖片)

至 150 公分），有著細長的手指，腳上長蹼。

布希曼說他在 51 區的工作，是參與一項由外星人提供技術給美國軍方使用的極機密反向工程，而神祕的 51 區已被改名為「國家機密檢測所」(National Classified Test Facility)。

據瞭解，這支影片是由工程師帕特森 (Mark Q · Patterson) 採訪獲得。不過，目前尚未有相關單位出面說明有關內容的真實性。

「51 區」位於美國內華達州南部林肯郡的格魯姆湖湖床上，被視為美國國內保密程度最高的一處地區。它是美國政府進行 U-2 偵察機與各種隱形飛機的測試場地。一直以來充滿著神祕色彩。傳說中飛碟降落、俘虜外星人、美國政府與外星人祕密簽署協議等奇事，都是在這裡發生。電影《變形金剛》描述「51 區」是關押外星生物的禁地，更讓它聲名大噪。2014 年 8 月美國華盛頓大學國家安全檔案館當天公布了美國中央情報局的解密資料，承認「51 區」祕密軍事基地確實存在，但沒有承認外星人的存在。

## 地球：外星生命目光的焦點

前幾年關於外星生命現蹤與飛碟的消息密集出現，尤其是接近 2012 年 12 月 21 日之際。讀者應該對當時熱烈傳聞的「瑪雅末日預言」、蘇美爾預言中，地球會被小行星尼比魯 (nibiru) 碰撞毀滅、或者是外星生命大舉來到地球、地球磁極反轉與太陽風暴等……諸多事件的預言印象猶新。而在這場謠言滿天飛、電影、媒體、與專家學者紛紛投以熱烈關注的時刻，外星生命也沒缺席。

據 examiner.com 網站報導，美國北美防空司令部 (NORAD) 退役軍官富勒姆 (Stanley A. Fulham) 在 2010 年 12 月初公開他的預言—— 2011 年 1 月初至當月第二個星期之間，UFO 將在莫斯科上空出現，大約 7 天後，倫敦上空也將出現 UFO。果然 1 月 2 日、1 月 7 日，都拍到清楚的幽浮影片。

富勒姆著有《變化的挑戰》(Challenges of Change) 一書，他自言曾與一群名為「超越者」(Transcenders) 的外星人聯繫，書中預測 2010 年 10 月 13 日，幽浮將光顧地球上的大型城市，而當天確實有神祕飛行物出現在紐約上空，引起不小的騷動。

富勒姆在預言中還表示，外星人會持續在世界各地曝光，其目的是增進人們對他們的認同，希望人們能做好與他們進行面對面接觸的準備——時間表就訂在 2014 年，人類將會看到外星人在聯合國發表演講、全面降臨地球。

這個預言在當年自然驚動四方：外星人就要大舉降臨

地球了！但隨著時光過去，人們逐漸瞭解這個預言落空，似乎顯示外星人的承諾是有待商榷的。

依照富勒姆的說法表示，外星生命已結成聯盟：在星際間有八個高智慧文明，由一個稱為「八文明議會」(Council of 8) 的區域性銀河管理局主導決議。有鑑於人類的科技將導致環境浩劫和物種滅絕的末日，他們已在 2010 年 1 月做出重大決定，屆時將推選昴宿星人 (Pleiadeans) 代表「八文明議會」，於 2014 年在聯合國大會公開講話。而幽浮頻頻現身即是為此作準備。

「外星生命將來拯救地球」像這樣的預言近年來一再出現。讀者應該對 2012 年世界末日之說甚囂塵上，彼時諸多宣揚地球人將接受星際聯盟的協助，進入「第五次元」的說法。事實證明，除了許多人因為購買號稱能夠幫助「人體提升」的昂貴課程、工具與一些無用的藥物而大受其騙之外，世界並沒有真正改變。

極為遺憾地，深信外星生命將大規模降臨的富勒姆，連 2011 年莫斯科幽浮的景象都沒有看到，他已在 2010 年底因為胰臟癌病逝，享年 87 歲。而身處在現世年代的我們，或許慶幸這個 2014 年的預言並未成真，但是從幾項幽浮出現的事件中，我們可知外星人的確有其準備。只是他們所知有限、計畫有變，或者，被更不可知的力量抑制住了呢？

姑且不論昴宿星人所言是對是錯，地球上的外星生命種族眾多，說法不一；有惡意掠奪、大言不慚的，也有儼然以善意、正義之師想主持公道的。然而此際多種外星生命相繼發聲甚至互相駁斥，顯示地球已成為它們爭奪矚目、發揮影響力的焦點。

儼然已成外星生命代言人的美國人謝爾登・尼頓(Sheldan Nidle)，其 2005 年出版的《你的星際鄰居》(Your Galactic Neighbor) 一書中，描述散布於各不同空間，超過二十萬個星系成員，已組成了一個銀河聯盟。其中大約 40% 的「外星人」是類人型生物，其他是各種動物形態的，包含爬蟲型、昆蟲型、兩棲、熊型、馬型、獅型、龜型等等。

謝爾登在著作《你正成為一個宇宙人》(You Are Becoming A Galactic Human) 一書中，稱「創世者」(Creator) 幾千萬年前就決定要在現在的地球上開始出現文明，「時間之神」(Time Lord) 執行此一計劃。然後，地球上就出現了三種並存的智慧型生物文明，一種是「恐龍族人」，一種是「爬蟲族人」，第三種是哺乳型的「鯨豚族人」。「恐龍族人」是從獵戶座中參宿五移民過來的。「爬蟲族人」，又稱「蜥蜴人」是從射手座移民到地球的，文中描繪的三種生物都不是人型的，但其科技都極其發達，和現在人類的科技走的是不一樣的路線，因為他們都懂得運用

「精神」的力量，甚至能發展出「精神」的武器來毀滅對方的文明。

在他的著作《你的第一次接觸》(Your first contact) 中，還提到在遠古的宇宙中，正、負生命對峙，發生過無數殘酷的戰爭。就像影片《星際大戰》一般，有時一個星球瞬間就被毀滅。正負兩方面的神都向他們的眾生發布了末日預言 (End-Time Prophecies)。預言宣稱，銀河系獵戶座旋臂的邊緣的水世界（行星），將會是宇宙中最後結束戰爭，走向和平的關鍵。於是很快，正負的生命都派出各自的艦隊搜尋那預言中的「聖地」。當天使們把光構成的保護罩拿掉的時候，一個新的太陽系展現了出來。眾神們也向各自體系中的眾生證實了這就是預言中的地方。於是正、負雙方的生命都發起對太陽系的爭奪。負的一方以「蜥蜴人」族類等非人型生物為代表，正的一方有許多族類都是人型的生物為代表。

謝爾登宛如魔幻小說一般的論點與情節，令人驚詫好奇，也說明了地球長期以來被黑暗勢力挾持，是外星生命的「必爭之地」；如今終有機會重見光明。然而在審視謝爾登所提及資訊時，仍須小心謹慎。因為其試圖混淆，並將「好的外星生命」與「神」相提並論，這是非常危險的觀點。

## 4-4 曾統治地球的古老外星生命

關於「外星生命是地球原住民」的說法，一直流傳著。而許多人相信某些古文明——蘇美爾 (Šumeru) 文化與瑪雅 (Maya) 文化，就是由外星人所創立的文化。

存在兩河流域——美索不達米亞平原——的南部，出現於距 6000 年到 4000 年之間的蘇美爾文明，是一個神祕而有高度科技發展的文化。科學家至今對其民族起源、人種來歷、文明來源……等謎團莫衷一是，討論近百年懸而未決。根據研究報導【6】，更可看出此文明的特異之處……。

1977 年，美國發射了「旅行者 2 號」星際探險飛船。1986 年 8 月，飛船向地球傳回了一張藍色海王星的特寫鏡頭。經過美國太空總署的科學家們仔細研究，初步發現許多數據與資料，更令人震驚的是，對照 1976 年，研究蘇美爾文化達 30 年的語言學兼歷史學家塞秦 (Zachariah Sychin) 出版之書，發現這些資料竟和蘇美爾人的文獻紀錄相同。

蘇美爾人有一段關於行星的描述為「mash.sig」，意思是「亮綠」——這同旅行者號照片上藍綠色的天王星非常相似；對另外一個行星的描述是「hum.ba」，意思是「沼澤星球」。塞秦相信這是指海王星，因為海王星是半液體的物質構成，顏色是藍藍的，且有強烈的磁場，和高溫半液態的核心。

於是問題出現了，在那麼久以前，在一個沒有望遠鏡或衛星的時代，蘇美爾人是如何知道這些呢？研究蘇美爾遺跡以及用楔形文字紀錄的黏土板之後，塞秦猜測，蘇美爾人是從來自木星和火星之間一個名叫「尼布魯」(Nibiru)的外來天體上的外星人那裏獲得密技——占星術。傳說中的這些外星人，每三千年就會探訪地球一次。

蘇美爾人對天文曆法之精確使美國太空學家也震驚不已。蘇美爾出土的文物中，有一張黏土板文書紀錄的數值異常巨大，其地理和時間上的數學運算是 12 與 60 進制，若將此數值換算成現在的十進制，則是「195 兆 9552 億」的天文數字！這麼龐大的天文數字意義何在？美國太空總署工程學家夏德蘭成功解讀出蘇美爾文書中的天文學數字之謎，是所謂「神聖的週期」：一天即 8 萬 6400 秒，若將上述天文數字用此來除，正好出現 22 億 6800 萬日的整數，換算後剛好等於 600 萬年。這巨大數字竟然是太陽系內的各主要天體，以太陽日為單位代表之所有公轉會合週期的整倍數，也就是相當於公倍數，準確率高達百分之百。這使美國太空科學界的博士——卡魯·賽甘都要驚嘆蘇美爾科學技術遠遠領先，說：「這是借助具有強大能力的、非人類生物的授助而誕生的。」

根據台灣研究飛碟專家——江晃榮博士於 2011 年所出版的《改變地球歷史的外星人》一書中，提到在古代蘇美爾文獻，紀錄「尼必魯」上有一種叫做「亞努納奇」(Anunnaki) 的生物，教導他們天文知識與一切技術。

據文獻記載，「亞努納奇」是水陸兩棲動物，頭上戴個像魚頭的帽子，太陽西沉就躍入海中；但一早又出現傳授人類各項知識，儼然以人類的導師自居。從上述「亞努納奇」長相所言，今人推斷或許那是穿了太空衣的外星生物也說不一定。而在蘇美爾文化中，常出現在天空自由飛行的神明、雕刻中的神明常常戴了頭盔，附上類似天線的裝置；以及乘坐類似火箭等的飛行物雕塑，都不禁令人大發奇想。根據研究與推斷，這些神祕的古文明很可能就是由外星爬蟲族人所建立的。而中南美洲一些以人體活生生獻祭給神明的古文化，如蘇美爾、瑪雅文化，都是這些爬蟲人為了欺騙那些受統治者，保存自己的人形，必須食用人體，攝取人的血液、賀爾蒙等，好混跡於人類之中實施統治的伎倆。照他們的說法，正因為地球是他們的故鄉。

根據許多資料推論，我們可以得知，早先地球在沒有人類的時候，外星人曾經是這裡的主人。而許多古老神祕的文明，也顯示外星生命的力量介入。然而當神佛要在地球上創造人類時，這些外星生命有的被迫遷移到其他星球，有的則潛入地底或其他空間。直至如今，他們以更隱晦、更不易被發現的手段影響世界。

## 外星生命無法抗衡神佛

儘管外星生命不斷發展的科技，使他們看似比人類先進千百倍，但由於生命本質上的侷限，人體的完美與正神的庇佑，仍是這些生命難以企及的目標。

關於外星人是地球原住民的相關說法多如牛毛。黃友生老和尚（第二章，註 3），就從外星生命 AK5T-S9B-KUT9B92，得知了外星文明中久遠年代的一個共同記憶：

大約在很多億年前，銀河系的一顆恆星——太陽的一顆行星——地球的位置上，那時還沒有人類，環境還非常惡劣，沒有現在的海洋、動植物等。那時的地球上就是有很多類似 AK5T-S9B-KUT9B92 的外星生命，遍布了這種生命，地球是外星生命那時快樂的家園，只是那時的外星科技水平好像沒有現在這麼高。AK5T-S9B-KUT9B92 研究後發現，他和那時的外星生命還有一定的淵源關係，他好像是原來地球上外星生命後代的延續和改進。

根據很早的典籍的記載，大約在很多億年前的一天。「轟」的一聲巨響，驚天動地，突然間，天空像全部打開了一樣，七彩霞光像瀑布一般的流下，一種很神聖的能量非常強大，瞬間充滿了這個空間，外星科技的力量在高級生命的面前根本無法抗衡，也沒有敢於褻瀆的念頭。高級生命的出現，像是憑空凝結出現的，空間中顯現出來很多高級生命，有的足踩蓮花盤，金光閃閃的；有的乘坐在飛翔的仙鶴上，寶光四射；還有很多的其他的高級生命，在天空中站滿了，好像不需要任何的工具，懸浮在空中，奇怪的是，他們的形象與人的形象相像。但是，高級生命的形象比人要更加美麗和漂亮，他們的身上帶有無法抗拒的強大能量，那是外星生命無法企及的，因為他們的能量可以達到非常微觀和高密度的程度，具有控制一切的能力。可以說，高級生命掌握的能力就是那時外星生命見過的更高的無法達到的科學。此時，其中一個能力好像很強的高級生命一揮手，一片強大的能量有若實質般地拂來，地球上的外星生命及其外星文明、所有的設施一下子就蕩然無存了，並且當時的外星生命和設施一下子飛躍到了離地球很遙遠的一個星球上，好像做了一場夢而突然換了家園。後來，外星生命利用自己的科技，設法接近了當時自己的家園——地球，發現地球上的環境出現了翻天覆地的變化，出現了從未見過的海洋、植物、動物及其更為令人驚嘆的人。從此，地球上出現了新的主宰者——人。

關於外星生命其實就居住在地球上的說法，還有一個網路上流傳甚廣，一個可以任意變化成人形的「爬蟲人」，決定自行接觸人類，1998 年向一位獨居在瑞典木屋中的人類接觸後，自述其族類隱藏於地球深處許久，也能隨意變化外表混跡於人群中。[7]。他提到地球原本是爬蟲人的天下，因為人類出現，他們才躲入地下。而人類的起源，並非自然演化，是造物主有意設計而成（相較於爬蟲人演化了 4000 萬年，並且已停止演化有 1000 萬年之久，人類僅僅在 200 萬年間就達到高度智慧，並還在不斷進化中，絕對不是出自天然。）爬蟲人用嘲諷的口氣告訴人類：「你們真的認為這個進化加速是天然的嗎？要是那樣的話，你們族類比我想像的就更加無知了。進化出岔子的不是我們，而是你們。」

爬蟲人說距今 150 萬年前，一群聰慧、和平的高層生命來到地球，出乎意料的不為任何資源，為的就是創造人類這個物種。這個實驗持續上萬年，之前還曾有過幾次失敗的試驗，如當今偶爾會發現「大巨人」的人種遺跡，即是上一次造人失敗遺留下來的痕跡。

爬蟲人說，目前世界上有許多外星人來到地球，其目的是對人體感興趣，由於外星生命自己的基因結構在很差的進化和輻射中造成缺陷，需要人類和動物完整無缺的系列，不斷修復他們的基因，但是因為外星人與人類 DNA 並不完全匹配，因此修復有其困難。爬蟲人對人體的神祕能力有著意味深長的描述：

「如果你們能更進一步，你們人類不靠科技手段，就能達到一個『平面』(plain)，以至於你們的身體不被已知物質形成，那麼你們就能成為你們所能想到的最有力量的生命」。

所謂不靠科技手段而達到的「平面」是什麼呢？應該指的是靈性提升，不被這個物質世界束縛，能夠突破這一空間，成為更微觀生命；這個說法與中國自古以來修煉要「走出三界外，不在五行中」的目標不謀而合。

另外爬蟲人還提到，就他所知，目前地球上有 14 支外星種族在活動，有 3 支不懷好意，與某些政府接觸，以外星科技換取銅礦和其他重要事物，從而進行掠奪與出賣人類的勾當。特別的是，其中有一支非常高層的生命，不屬於這個「平面」，他們非常先進，僅靠「念頭」就能摧毀爬蟲人的一切事物，有史以來，爬蟲族只有機會接觸過這類高級生命三次。而這些高級生命對爬蟲人和人類絕對無害，因為他們的「興趣」不同，並非為了物質、人體資源的掠奪而來，是為了一個重要的計畫。

對於這些高層生命的計畫，爬蟲族也一無所知，只曉得其他外星人的存在與干擾，會對這個計畫有所破壞……。

1【新唐人 2011 年 3 月 24 日】作者：遊方和尚〈遊方和尚上網揭示 UFO 真相之謎〉

2【看中國 2015 年 7 月 28 日報導】：http://b5.secretchina.com/news/15/07/28/582635.html〈麥田圈解碼：警告人類小心外星人〉

3【大紀元 2015 年 7 月 31 日】〈【美東南隨筆】老僧口述：外星人為何研究人類？〉http://www.epochtimes.com/b5/15/7/31/n4492786.htm

4【新紀元第 152 期 2009 年 12 月 17 日】〈美國早與外星生命簽約？〉http://www.epochweekly.com/b5/154/7321.htm

5【蘋果日報 2014 年 11 月 01 日】陳怡妏／綜合外電報導〈美僱 18 外星人「在 51 區工作」〉http://www.appledaily.com.tw/appledaily/article/international/20141101/36181705/

6【大紀元 12 月 27 日訊】記者吳宇凡編譯〈6000 年前蘇美爾人就已認識太陽系了？〉

7 網路流傳：〈地底爬蟲人訪談〉(The Lacerta file)

# 第5章

# 斷開枷鎖<br>展開人類新篇

## 前言：外星生命的謬論與布局

外星人的目的是什麼？各種答案多如牛毛，甚至連外星人通靈附體、在人類中解答這些問題的人都出現了。

戴里爾・安卡 (Darryl Anka) 本是一位美國知名的電影特效與美術工作人員。但當他親身經歷幽浮事件並開始大量研究這些神祕事物之後，1983 年起，有一位自稱叫「巴夏」(Bashar) 的外星人開始附體在他的身上，透過他的口宣揚其「宇宙真理」。鏡頭前的戴里爾，本是一位拘謹帶些內向的工程師，而一旦「巴夏」上身，即以類似「脫口秀諧星」與「信仰大師」合一的姿態，解答眾人疑惑。在一段網路上流傳的影片中，巴夏就清楚說明外星人綁架，以他們的觀點看來，是怎麼回事。他說：

「那些灰人毀滅了他們的世界，因為沒有可供生育的人類 DNA 供他們使用，因此他們在你們的世界裡打開了隧道，在『更高的層面』取得了同意，獲得你們的基因材料，使得他們能夠在你們和他們之間，混合他們的基因，來創出一個新人種，一個混血人種……所有這一切都是經過同意的，即使是許多人可能都不記得這項協定了。即使他們可能在某些綁架過程中嚇得要命，即使某些灰人已經沒有必要的情感能力，可以理解他們已經把你們嚇到直喊『老天爺』如此驚恐的地步（因其語調誇張，現場觀眾笑聲連連），……他們只是沒有那個情感能力了。」

所謂「更高的層面」是什麼？或許指的是一些不肖政府為了外星科技出賣人類的協議。由於外星人與地球接觸的目的一直不明確，所宣說的事情又從未實現。在無法看清外星生命的意圖，但又無可避免接觸或接收到外星訊息的情況下，處在地球上的我們應該如何去面對呢？這是人類需要重視並認真思考的課題。

根據霍金斯的人體肌力學研究所衍生出來的精神與意識進化，如果「勇氣與真實」是正面、負面力量的分水嶺，上述此種躲躲藏藏的欺瞞掠奪，絕對是邪惡的表現；況且任何最基本的人性與人類的律法，都不能認同以下這段話：「由於我對於他人的痛苦無感，因此我可以為所欲為」上述說法令人難以理解，恐怕只有外星異類可視為合理化。「他」宣稱外星人與地球人本是一體，所以此種行為理所當然。可以想像的是，當大多數的人類能夠接受這樣的觀念時，「混血人」就會大量出現在地球上，直至取代所有人類。

外星生命意圖影響進而控制人類的命運，為此精心布局，策畫數百年之久。當人類具有敬天信神的思想，在道德崇高的狀態中，外星生命只能處於被壓制的狀態。自從工業革命大刀闊斧地追逐物慾、無神論張牙舞爪地出現並大舉魅惑世人之後，外星生命就傾巢而出。他們或以科技方式掠奪人類胚胎與資源；或以導師之姿對人類宣傳教導。為了達到最終的目的，使盡各種招數，製造綑綁人類的枷鎖：方式上，先從思想上入侵，破壞長久歷史以來，人類對神佛、正統信仰與道德良知的理念，讓科學實證與物質文明成為人類唯一信仰；其次是在環境與人體構成中，從科技變異人性，從基因改造食物、疫苗與環境污染人體；更甚者，在人身體形成一層外星人物質，最終目的，不外全盤操控或取代人類。

截至目前為止，把希望寄託在外星生命那些令人瞠目結舌的科技發展，或一味倚賴外星生命所發表的貌似智慧良善的忠告、預言或是策略，都無法從根本上解決人類目前的困境與難題。而外星生命屢次大肆宣揚或是鼓吹的承諾一一落空，說明他們並非如其所言般的神通廣大，似乎也受到某種不明力量的箝制。而從修煉人眼中所描述的外星生命狀態，不禁令我們相信這個世界還是掌握在神佛慈悲的手中。然而受到外星生命挾持而漸漸偏離正軌的人類，到底應如何選擇、何去何從？倘若人類能識破這張布局千百年、意圖操控人類之天羅地網，回歸人應走的正途，真正、永久的幸福與自由，也就指日可待了。

外星人要如何誘使人類拋棄有神的思想之後，從鬼鬼祟祟的潛伏四周，到光明正大的成為人類的「偽神」，繼而綑綁人類，左右這個世界呢？我們整理出以下五大枷鎖：一、從「教育」與「科學」滲入排神思維；二、從靈魂與身體影響人類；三、從環境變異人類基因；四、從科技、電玩變異人心；五、追求物質、金錢化的社會體系。如此一來，人們就會脫離神佛庇護，成為他們的探囊之物。以下分別論述如後……。

## 5-1 從教育與科學滲入排神思維

「教育」與「科學」從來無法證明神不存在；相反地，他們的起源，與追求善美全德、真理公義的神的教導息息相關——近代的學校教育，源自為信仰奉獻一生的神職人員傳授知識的修道院，今日寬袍大袖的「學士袍」就起源於中古時代修道院的修士服；而講究科學證據的西方法庭上的法官袍與律師袍等服裝，也源自於中古世紀「政教合一」的淵遠傳統，提醒執法人員身賦「神格」，要彰顯神授真理的深刻內涵，兩者同樣標誌著神聖與神傳賦予的莊嚴意義。

### 與神斷裂的教育與科學觀

到了近代，學校中的「宗教禁止進入學校」、法庭上的「一切講求科學證據」，已然與虔誠神聖的信仰絕緣。

人與神的聯繫斷裂，不僅顯示在方方面面的生活中，更呈現出明顯的排斥、貶低神佛等可怕思維。而世俗對於科學的盲目信仰與崇拜，卻被視為正常時髦、大行其道。在《遊方和尚上網揭示UFO真相之謎》（第四章，註1）中，就言明「進化論」此一邪說，目的就在區隔人對神的信仰：

「告訴你我用天眼看到的真實情況吧，達爾文其實是魔王轉生人世，為的就是禍亂人間，他拋出進化論，目的就是打擊人們對神佛的信仰，讓人們相信自己是猴子變的，而人們居然就真的相信了達爾文的歪理，這真是可恥又可笑啊。為甚麼釋迦牟尼佛撒手人間啊，原因之一就是大部份人都不相信神佛真實存在了，佛傳下的法也就度化不了這種人了，所以佛祖也只能不管了。」

當人不信神之後，邪說外道自然趁隙而入、取而代之。目前人們對科學的信仰，有如宗教信念一般維護著；教育制度也有著如神職人員般完善的階層，致力宣揚科學獨大、排神的思想，從幼稚園、小學到大學；從小到大、從呀呀學語的童生到牆壁掛滿榮譽獎章的博士與教授，這些被篩選過的知識被概括接受、縱橫交錯地貫穿在人類社會中。當人從猿猴演化成的「進化論」成為學校教科書內容，而「人是神所造的」說法成為荒誕不經的思想時，人類就漸漸落入外星人的陷阱與思維中了。因為外星生命的目的就是破壞人類的信仰、使人類外星化，進而取代人類。

有一句話是這麼說的：「你可以自由決定你的信念，信念也反過來決定你的所作所為」。當人不信有神佛，不信天堂與地獄；也就不相信冥冥中善惡有報、人的良知聖潔其來有自；當「永恆真理」與「為往聖繼絕學」的意義蕩然無存，人類社會與文明的存亡維續也就只在旦夕之間。

許多研究與學者都推斷，目前的科學發展是「外星人」散布給人類的，否則人的道德與社會發展不會墮落到如此地步。然而凡事存乎一心。追求「科學」為何會破壞人類的傳統正信呢？其實真正的科學是不會對神佛思想嗤之以鼻的，相反地，卻會將其視為至高無上的目標。2012年2月21日，明慧網上一篇署名「天德」所寫的《淺說科學與神學》的文章，就把其間關係說得很清楚，其實真正偉大的科學應該是與神同在的，真正的神學、佛法才是科學，特摘錄於下：

## 兩大科學泰斗的虔誠信仰

被譽為「現代科學之父」的牛頓，在18歲進劍橋大學讀書時，就已經是一名虔誠的基督教徒了。以至於後來紐約大學歷史系教授曼紐在其著作《牛頓傳》中都說：「近代的科學是源自牛頓對上帝的默想。」牛頓始終堅信：神才是創造精巧無比的太陽系的真正主角。

牛頓既是一位偉大的科學家，又是一位虔誠而又有獨特見地的神學家。他一生行走於科學與神學兩大殿堂之中，一邊鑽研科學，一邊研究著神學，卻從未覺得二者之間有何相悖而無所適從。牛頓確信聖經中有密碼，於是花了大半生時間（近 50 年）潛心研究聖經，並寫下了上百萬字的研究手稿，直至臨終時還在孜孜求索。牛頓甚至認為「聖經密碼」比自己所揭示的科學成果——「萬有引力」更重要！

而舉世公認的近代最偉大的科學家愛因斯坦，又是如何看待科學與神學佛法的呢？在一次訪談中愛因斯坦說：「我是一位研究科學的人，我深切知道，今天的科學只能證明某種物體的存在，並不能判定它不存在。」愛因斯坦進一步舉例說：「譬如若干年前，我們未能證明原子核的存在，假如當時我們貿然斷定原子核不存在，則在今天看來，不就犯了天大的錯誤了嗎？」訪談最後，愛因斯坦表明了他相信「神」的存在：「因此，今天科學沒有把神的存在證明出來，是由於科學還沒有發展到那種程度，而不是神不存在」。而當愛因斯坦研讀佛經之後，更是由衷感慨地說：「以後如果有甚麼能取代科學的，那就只有佛法了。」

## 科學與對神的正信並無悖逆

根據美國哥倫比亞大學教授哈維克 · 札克曼博士在其

1977 年出版的著作《科技英才》一書中統計：自 1901 年設立諾貝爾獎以來，美國獲得該項科學獎的 286 位科學家中，有 92% 的獲獎者是信神的（其中 73% 獲獎者是基督教徒；19% 是猶太教徒）。又據聯合國統計，近三個世紀以來，全球 300 位傑出的科學家中，有 242 位明確自己是信神的，而不信的只有 20 位。甚至於世界上最著名的十大科學家，其中包括發明大王愛迪生、細菌學創始人巴斯德、發現無線電的馬可尼、發明電報的莫爾斯、波動力學的創始人薛定諤，以及大家熟悉的舉世聞名的科學家牛頓、愛因斯坦等，全都是「有神論」者。由此也證明了科學研究與對神的信仰，兩者之間並不矛盾，對神的信仰不是迷信。

歷史已證明，科學不是萬能的。然而它給今天人類所造成的道德體系與生態環境的破壞與災難，卻是科學本身根本無法控制與解決的，因此也更彰顯出科學本身所固有的不足與缺陷。

## 神學佛法才是真正科學

今天許多科學家和世人在冷靜地思考並逐漸地覺醒且意識到了：要從根本上解決當前人類所面臨的危機，唯一的出路，只有重建人類的道德信仰。而這把開啟人類未來希望之門的金鑰匙在哪裏呢？

今天，不是有許多有遠見卓識的科學家提出了科學發展的未來（終點）是神學嗎？而偉大的科學家牛頓、愛因斯坦等不是早已認識到了：神學、佛法才是真正超常的「科學」嗎？

## 5-2 從靈魂與身體影響人類

關於外星人占領、影響人類身體之事，或許比我們所想像的還要多。筆者曾訪問國內一位研究外星生命，並主張這些生命就是人類祖先的知名學者。他自言自己是「外星靈投胎」，所以早年就對這些超自然事物著迷不已，他說：「2010 年，我正在一家出版社的辦公室，一位助理突然通靈，對我說：『你來地球很久了，要快一點傳播這些思維，我和你來自同一星球』。」由此看來，外星生命想要向人類傳遞他們的訊息，實是無孔不入。

人類絕對與外星人不同，因為人類是與神相聯繫的生命，只有人類可以靠修煉返本歸真、昇華心性，回到神的懷抱；而這使宇宙各種瀕臨絕境的生命都艷羨不已，也因此外星生命要極度混淆，散布真真假假的資訊，爭取一點存活的希望。而在這個創世主重返人間、宇宙得以淨化的關鍵時刻，人們與各種生命已經面臨最後的抉擇。

## 外星人在人身上造了一層身體

外星人不僅附體人類，還會在每個人身上形成一層身體。早年第一批接觸電腦的學者或科技人士都有這種感覺：如果要設計程式，一定得先用紙筆在桌上作業，待程式寫好之後才打進電腦，一整個班級的同學皆是如此，那個感覺就是電腦與自己的人腦「格格不入」、「不相容」。然而漸漸地，當電腦用上手之後，身體好像自動反應、自然連線一般，就像是身體長出的一部分一樣。對照當前社會，人們與「手機」等科技產品的使用非常親密，電玩上癮、如果割捨掉還會有如毒癮發作般難耐的感覺，比親人、生命還重要。手機似乎已成其身體的一部份……。其實這種感覺並非錯覺。

網路上流傳一個南非戴斯特尼 (Desteni) 組織，一位通靈女孩的影片。女孩通過一個自稱為「傑克」(Jack) 的「高層生命」，說出了外星人控制人類的意圖，並且在我們身上製造一層身體。網路上這段影片中，傑克描述 1998 年之前，外星人還會以挾持人類的方式遂其目的，如今已進化到「意識控制」：

「1998 年之前，他們對地球人進行採樣，採集一些肌肉組織，最有趣的是，他們所研發出的，在人體之內的 DNA 放置了一個產生電磁力 (electromagnetic force) 的裝置，在人類物質肉身內形成了一個『類身體外衣』的東西。因為全人類都有DNA，因此全人類都會有這種『電磁力身體外衣』，它的顏色是近似深藍或淺藍，當人類走路時，就持續傳送資訊進入人類身體。」

傑克說，這樣當人們在平日步行時，就會「磁化」、「傳送」、「磁化」、「傳送」這些資訊，持續的影響整體。他舉個例子，如某個遭遇親人去世的人感到抑鬱，或是考慮自殺時，這種病態思想就會開始感染，傳輸到另一個對生命產生質疑的人身上，使他放棄信仰，或是離開他們生命的正道。整個地球就像一個大型監獄一樣，外星人如此做，是為了要奴役這個世界。也就是說，外星生命極盡所能的，要將人類推離正軌，變異他們的生命，遠離人類生命本然、應有的狀態。

## 約翰藍儂的死因之說

外星生命影響人的思維，除了被外星生命挾持的人之外，或許我們也都在不知不覺中受其影響了。2014 年 6 月，美國外星生命研究專家盧克曼 (Michael C. Luckman) 就聲稱，披頭四 (Beatles) 的靈魂人物約翰藍儂 (John Lennon) 遭謀殺的幕後元兇是外星人，其目的是阻止藍儂宣揚和平與愛的反戰理念。【1】1980 年在紐約達科塔公寓大樓外槍殺藍儂、至今仍在獄中服刑的美國男子查普曼(Mark Chapman) 曾表示，他的刺殺行動是受「惡魔」所指使。長期研究外星人與不明飛行物 (UFO) 的盧克曼相信，查普曼是被外星人操控了。他認為，藍儂從「正面外星人」那裏接收音樂信息而寫出頌揚和平、愛與自由的流行歌曲，也正是那些主張才招來敵對外星人的殺機。

藍儂是否真能與外星人溝通？從藍儂本人的一段自述也許可窺知一二。藍儂曾描述他創作歌曲的過程——經常「感覺自己像是一間空的殿堂，裏面有許多靈體進駐，所有靈體都會穿越我的身體，每個靈體都會占據我一下，然後再換另一個來占據我。」

如此看來，人體非常容易受到外力控制；顯然宇宙中也有善良的生命，但是負面外星人卻不斷想將人類推離「正軌」。然而，所謂的「正軌」是甚麼呢？當然是不斷淨化心靈、提升自我，在這個金錢物欲橫流的社會逆勢上走。正如八仙中張果老的「倒騎驢」；或如唐朝布袋和尚所說：「退後原來是向前」。幾乎所有的智者都會同意，現今人類生活離道、靈魂的提昇與純淨的生活日益遙遠。「返本歸真」成了遙不可及的目標。那麼，是甚麼阻礙了人的「返本歸真」呢？我們是否在放棄自己清明意識的同時，受到了莫名的影響，做出了錯誤的決定？

傑克說外星人實質擄人的狀況，1998 年之後就被「不明的斷絕」，而那種從夢境、步行中影響人類的方式，也被「抹去了」。那麼，是什麼力量影響了外星人的計劃呢？ 我們不禁想到，這世界還是有連外星人也無法意料到的力量，在庇護與消抵著邪惡的入侵。以下就是前文所提，一位山中打坐的老和尚（第二章，註3），在接觸到與瞭解外星生命提出的說法。

## 外星生命的瀕臨危險與自保之道

老和尚說：

「當外星人，看到地球上，出現了人類這樣的生命，都驚訝的目瞪口呆。……因為他們看到了一些現象，就是人這樣的生命，可以通過修行的方式，達到長生不老，而且通過修行產生的特別的能量，可以保證身體不會腐爛。儘管外星生物擁有高科技，但是他們也苦惱自己的生命不能保證不滅亡，也不能保證不消耗能源。而且他們非常非常的羨慕，那些修行有素的人，不用駕駛任何的飛行器，自動就可以起空，穿越空間。這對外星人是個很大的夢想，就連外星人之間，都在展開競爭，看誰能先解開人體起空的奧祕。所以他們一直研究，甚至研究到，能夠把人類封閉的大腦部分打開到百分之七十左右。我們經常看到新聞，很多人莫名其妙的失蹤了。其中有一部分，就是被外星人帶走了，進行各項實驗，以解開人體之謎加以利用。

儘管他們的科技研究，能使人類的大腦封閉的部分打開。但有一個問題，儘管打開了人類的思維，被研究的人類能掌握很大很強的功能，但是把擁有功能的這些生命（他們的研究所致），發送到更高層的空間時，發現這些生命不能在那裡停留，只得又回來。沒有道德標準的外星生物，是不允許藉由高科技手段進入更高層的空間，所以對外星生物的各項研究，一直在抑制。並且，就連外星人自己也發現，他們給予人類的各種科技，成了人類毀滅自己的武器，並且給很多的星球帶來了污染。歷史檔案記載，當初美國想向月球發送兩顆原子彈，但是原子彈卻在空中消失的無影無蹤。確實，月球上有一個很大的外星人設立的研究基地，他們看到了人類自己在毀滅自己的可怕後果。

通過很多實驗後，外星人漸漸的明白了，人類真的是神造的，人類體內完美無比的運行機制，外星生物是如何都無法仿造出來的。即使很勉強的造就出來，但是也無法和人類本身的生命機制相比，因為外星生物不具備人的本性，所以怎麼造，都是非常的冷酷，肌體不是鮮活的充滿靈性的。

在這些研究中，外星人還明白了，人類這樣完美的機制，是有很深的用意。這是外星人再高的科技，也無法達到的。

於是漸漸的，外星生物之間為了自己的安危，紛紛達成了一項共識：不再把高科技再帶給人類。外星生物，也有類似於人類警察職務的工作，所以各個星球之間的外星警察都非常嚴密的監視控制，那些為非作歹的『不法份子』（指外星生物中的不法份子）把高科技再帶給人類。

外星人有一項研究，發現各大星體都已經偏離了各自的運行軌道，彼此之間的聯繫搖搖欲墜，連他們的星球也不例外。但是他們無論如何努力去糾正都無濟於事。這就是外星人目前的處境。」

關於上述外星生命試圖影響人體的計畫，金星女人歐姆・尼克也在演說中提到，人類在千年前本有心靈感應等超能力，但是受到其他星系的基因操控，改變人類基因，目的是更容易操控人類。當問到這些邪惡力量「是誰」時，她卻說自己不被允許透露這個訊息，因為他們目前正在彌補錯誤，也有許多轉世到人類中。此種說法除了歐姆・尼克與他們有某種協議之外，也顯示外星生命已面臨窮途末路，才有如此的「大轉彎」。

## 人類群體生命的質與量正在改變

即使外星生命已經束手，但是造成的傷害已難估計。

上文中，通靈的傑克還說出一件很有意思的事。許多熱衷與外星生命通靈的人士，多年前就預言這個世界會有一批特殊的、天賦異稟的孩子降生。他們不同於傳統人類的小孩，特點是「情緒起伏劇烈、缺乏罪惡感、抗拒規矩與權威」，因為他們是「要來幫助改變這個世界的新生命」。由於他們的靈光呈「靛藍色」，就被稱為靛藍兒童(The Indigo Children)。傑克直言，其實這些兒童根本不是來幫助人類，而是外星生命藉此製造混亂。因為這些兒童的特質就是極端情緒化，無法與社會和諧共處。因為每當他們憤怒不安等此種反應，就會給全人類「充電」，使所有人都受到影響，從而造成騷動，便於奴役。因此與其說這些兒童是「禮物」，不如說是「陰謀」。

傑克的說法可能令許多人不悅，孩子帶著眾人的愛與期待降生，背上如此罪名，何其無辜？雖然相信每一個生命就有到世上都有他的功課與使命，我們不需對孩子自私缺乏同理心的問題貼上美名，也不需將他們汙名化，卻要不斷的審視、修正與拓展自己受限的觀點。不論孩子天性為何，生命的淨化與提升，返本歸真，才是人來這一遭的目的。

然而人類的生命在近代有巨大的轉變，是不爭的事實。妥瑞氏症、亞斯伯格症、自閉兒等學童日益增多，英、美兩國專家近期研究報導指出，自閉症出生率從早期的萬分之 4~5 之罕見，至今每 110 人中就有 1 人，提升 20 多倍；其中，75%~80% 皆有智力障礙，已成社會顯著問題。而「不孕症」更是目前人類社會最大的危機；根據世界衛生組織統計，全球不孕症比例約為8至12%；以台灣來說，2001~2010年，台灣生育率從1.4%遞減為0.9%，下降幅度超過1.5倍；然而，進行人工生殖手術的民眾在這十年卻激增4倍。2015年3月，《中國不孕不育現狀調研報告》顯示，受社會環境、工作壓力等因素影響，中國育齡夫婦的不孕、不育患者已超過5000萬，且還在逐漸增加中。換算下來，平均約8對夫妻，就有一對「不能生」，不孕、不育率高達12.5%至15%。

人類群體的生命發生質與量的改變，這是歷史上從來沒有發生過的事情。在瞭解外星人混血計畫之後，智者必會聯想到兩者是否有其關聯。不難推斷這是人與神斷了聯繫、身體外星化之後的結果。看來第一章「石劍」所言〈地球的外星化〉一事正在發生。然而智者也會懷疑，為何一向垂憐慈悲人類的神佛，竟會對此撒手不管，允許這樣的事件大規模出現？

## 人性的永劫不復與救贖

關切世界局勢的人必會發現，目前世界黑暗與光明的力量正在激烈交戰。如果以孟子所說，「無惻隱之心，非人也；無羞惡之心，非人也；無辭讓之心，非人也；無是非之心，非人也」，來推斷做人的標準，當今許多人已徒具人形，連神佛也無法可度，自然要拂袖而去。在所有的罪行中，莫屬中國所發生「這個星球上最大的邪惡」——共產黨殘忍活摘、以國家機器販售寧死也不放棄信仰「真、善、忍」的法輪大法徒之活體器官，最令人悲痛震驚與不可置信。因此有人嚴詞譴責「共產黨」是當今世上最大的邪教。而當前還有許多人對此置若罔聞或是麻木不仁，對強權與財富卑躬屈膝，難怪許多人要說世界離末日不遠了。

值此末日，修煉人也清楚描述為何神佛對此束手、邪魔如何能掌控人體的真正原因，也提出了如何自保、自救之道。正如以下遊方和尚所言：

……問我為甚麼拜佛不靈驗？在這裡，我不妨把我用天眼看到的真實情況說出來，也許你就明白為甚麼佛要撤手人間了。

半個多世紀以來，百分之九十九的中國人，從小學就被要求入隊，中學呢會被要求入團，等將來到了社會上，受到利益誘惑，有的人還要削尖了腦袋申請加入某個黨。無論是加入以上的哪個組織，履行手續的時候，他們都要求申請加入者發下毒誓，把生命獻給其組織。

這裡我要問了，以上提到的這些組織，信仰的是甚麼思想呢？我想你應該知道的，是無神論啊！是否定神佛存在的理論啊！你們知道文革時期的「破四舊」運動嗎，不就是某個黨帶人去幹的嘛！寺廟、修道院全都拆了，佛像、神像全部砸毀、燒掉，僧、尼、道士、修道士全部用暴力驅逐出寺、廟、宮、觀。也許你不清楚這些事情，但你回家問問老人吧，他們會告訴你當年都發生了甚麼，某個黨到底幹了些甚麼。

試問，一個發誓把生命獻給這個信仰無神論組織的人，他再去誦經、參禪、拜佛，再去求佛保佑，這是甚麼行為？這是兩面派啊！神聖偉大的佛，能去給一個兩面派開示嗎？不能啊。就是在紅塵俗世中，當一個兩面派也是為人所不齒的卑賤行為啊，你說對不對？是不是這個道理？因為百分之九十九的中國人，都被誘騙加入了這些組織，所以，神佛也就只能撒手人間了。這就是導致末法時代的最直接原因，也是邪魔當道、萬魔亂世的真正含義所在。

甚麼是魔？用「洗腦式的新聞宣傳」與「填鴨式的教育體制」，再加上「暴力威脅」和「利益誘騙」，用這樣的辦法去打擊人的善念，去顛倒是非黑白，宣揚暴力鬥爭哲學，宣揚無神論，那不是魔又是甚麼？請你冷靜理智的想一想，我說的對不對？

神佛不管人了，那魔就要管人啊，它們可不會客氣的。我用天眼還看到，凡是加入過以上三個組織的人，丹田和泥丸宮都被魔給印封了。無論你修煉何種功法，信仰哪個神佛，都不會真正起作用的，神佛不會管你，也沒法管你。因為你已經發誓把自己的生命獻給了別人嘛！神佛如果強行管你，那就是幹壞事了！而且，一個人身上若帶了魔的印記，百年之後去哪兒呢？除了地獄，哪兒也不收啊！！！

如何解除你丹田和泥丸宮上的印封呢？很簡單，只要你真心要退出前面提到的那三個組織即可。前面說了，人心不動，神佛也無奈！但是，只要人心一動，只要人的善念一出，那是震動十方世界！佛其實就是大慈悲、大智慧的神，佛法則是金剛不壞、圓融不破之真理，神佛就能替你了斷這場因果，就能替你消除丹田和泥丸宮上的印封！再難神佛也會給你做！不信你就試試看，這以後，無論你去求神還是拜佛，保證會有不一樣的感受和效果！絕對的！

看到這兒，我知道一定有人會跳出來說我搞政治，指責我參與政治。我說你糊塗了，我是在勸人退出政治，我是在引導那些還有佛性、有善念的人，還有希望回家的人退出政治，讓他們以純淨之身心事佛。我本人四大皆空，神通足具，世俗權力對我而言沒有任何意義，我沒有任何的政治訴求，你說，我搞政治有甚麼用呢？你想想是不是這個道理！我僅僅是希望善根未泯的那些人們，依靠其最後的佛性，能夠擺脫魔鬼的掌控！

## 5-3 從環境變異人類基因

要瞭解外星生命為何渴望獲得人體，不斷變異人類基因，就要明白人體的奧妙是現代科學遠遠不能企及與理解的神之完美傑作。老和尚黃友生深明人體的奧妙，指出連外星生命都對中華悠久的中醫精妙五體投地，那是外星科技無法比擬的……。

## 完美的人體與宇宙天體相對應

黃友生說：

「中國古代的中醫，對人體的辨證治療，是依據道家陰陽平衡和五行相生相剋的學說發展起來的……，比方說，人類中的《黃帝內經》這本書，上邊提到了如何治療疾病。《黃帝內經》講的東西很多是針對人體在另外微觀粒子空間對應的身體，而且還不是一個微觀粒子空間的身體，而且還涉及了多個空間中人體的描述。那個書對人體的研究，外星文明的高科技也是不能破解的，外星文明也只知道《黃帝內經》說的幾個大分子空間的人體的闡述而已。」

「人在發展中，丟掉了真正的精華的東西。中醫的很多方法其實就是用某種方法，來讓另外比分子更微觀空間對應的人體，回復正常的狀態，人體在基礎微觀領域都正常了，那麼人體細胞這面的肉體肯定是正常了。中國古代的中醫研究其實是超出了現代西方醫學對人體的認識，中醫在很大程度上是在人體對應在更深微觀粒子空間上的那個組織結構上做文章，而西醫不過是在人的細胞肉體上下功夫而已。」

按照黃友生的理解，人體的玄妙和修煉、道德提升有密切關連，更是神獨厚於人所傳下來的珍貴文化，他說：

「AK5T-S9B-KUT9B92查閱外星和人類的文獻，發現在2500地球年前，地球上出現了幾個很高能力的高級生命，也就是人類說的神或佛吧，出現在人間，告訴人類要如何遵守道德規範。其中，創立佛教的釋迦牟尼佛，告誡弟子要守戒律，要對眾生有慈悲的心。西方的神耶穌同樣是告訴人，要遠離貪慾，在神的面前要懺悔、改過，做個品德高尚的人。中國的老子，給人留下了《道德經》，也是告訴人信守道德，修真養性。人如果信奉神，按照神告訴人的道理去做，尤其是中國的道家修煉，人體在修煉中物質的結構在很多空間出現很大的變化，超越了一般正常的人體，人體中的細胞、分子、更微觀粒子的能量發生了向高等級的轉變。但是，遺憾的是，AK行星的外星文明對人體的研究也只能侷限在幾個分子空間而已。修煉的更高的內涵，外星文明不得而知。近兩千年來，人類文明中的道德，外星生命AK5T-S9B-KUT9B92比較難以理解。中國古代提到的『仁、義、禮、智、信』的內涵不是很容易弄清楚，而且發現這些道德規範與人體生命有一定的關係，只是隱約的發現，人類文明中各階段出現的神講出的法，就是對物質世界更高的認識，應該就是更高的科學吧。」

## 人類遺傳密碼與易經驚人對應

人類起源與神有著切切實實的聯繫，不論各大文明或種族傳說，都昭示著「神」才是創造其種族的起源，近代的研究也發現有越來越多的證據顯示人與神有千絲萬縷的關係。滿懷陰謀的外星生命意圖奪取人體為其所用，只有削弱或降低人類心靈意識，除了安排唯物論的風行、讓科技文明取代心靈追求，也採取變異人類「基因」的手段。

1973 年法國學者 M．申伯格出版《生命的祕密鑰匙：宇宙公式、易經和遺傳密碼》，首次闡明了 64 個生物遺傳密碼與《易經》64 卦之間的對應關係。上古時期的聖賢經典，竟與人類的基因密碼奇妙吻合，科學家對此百思不得其解。《易經》相傳是伏羲所作，歷代被視為神傳之、聖揚之的正統文化，指出人類的基因有著神聖的起源。

人類遺傳密碼竟與相傳是華夏古神——伏羲所創、演繹萬物之理的八卦相應，不禁使人驚嘆生命起源的神聖性，也顯示人與天上高層是有對應的。

八卦與基因如何對應呢？坊間網路上有很詳細的討論與圖說。

簡單來說，八卦形成六十四卦，其中有四個叫「難卦」，只有六十個是可用之卦 ( 天干和地支相對應，會有四個無法對應 )，而基因有 64 種組合變化，有四種是自然界不存在的，由此衍生千千萬萬個變化。兩者產生型態與變化幾乎是一致的。然而今日的基改作物、化學毒素與環境污染，都使人發生難以預測的基因變化。

## 基因破壞斷裂人與神的聯繫

胡乃文醫師，年輕時從事西方醫學研究長達 10 年，也曾經在美國加州史丹福研究院 (SRI International) 做生命科學研究。後來研究針灸醫術，引起了他深入鑽研中醫的興趣，成為中醫師，現為台北「上海同德堂國藥號」的名醫。胡醫師相信人的基因來自神傳，而以人為方式改動基因是非常危險的事。他說：

「根據現代科學的知識，每一個基因組合，是由 3 個氮鹼基組成的密碼單位組成的；每 3 個氮鹼基組成的這個單位，能關聯的攜帶一個特定胺基酸去用以複製蛋白質；胺基酸是蛋白質的最基礎元素。DNA 的氮鹼基就只有 4 種、RNA 的氮鹼基也是只有 4 種，排列組合時會有 64 組密碼單位，其中有 60 組可以攜帶胺基酸組成蛋白質，還有 4 組有點像 64 卦象當中的「四難卦」類似，不被使用到。胺基酸 1 個、2 個……，如此接起來連成一個長鍊分子，就成了蛋白質分子。

「這 3 個氮鹼基一組的密碼單位裡面，如果有一個氮鹼基換成了另一個氮鹼基，它所能攜帶的胺基酸就不同了，於是將來連結成的蛋白質跟原來的蛋白質就不一樣了；這密碼單位組成的基因就和以前不同了，這就成了變異的基因。」

人本是由神而來的，神處處照看人類，人最終也要回歸於神。然而身體上的改變漸漸拉遠，甚至切斷人與神的聯繫。

胡醫師說：「根據現代科學的看法，蛋白質有『酵素蛋白質』和『結構蛋白質』；如果，酵素的作用變了連帶的生物化學反應也變了、細胞的結構改變了連帶的細胞本性也變了。基因改造的原理就是這樣，於是防蟲效果、生長容易……，它們都不是原來的生物應該有的狀態，其它不應該存在於食物中的物質都可能存在了；它們會不會影響人身的各種生物化學特性？甚至這個人的本性特性都發生變化而不一樣了……？一切食物、動物、植物、人類都與原本神給的狀態不對應了，那會有怎樣的後果？」

在當今疫苗注射、基因改造食物成為普遍狀況下，許多人認為是解決糧食恐慌、杜絕疾病蔓延的良方。殊不知利用科技變造基因，或許是造成人類基因變異、致命疾病增加的可怕結果。外星生命想打斷人與神的聯繫，除了在精神意識上動手腳，也在物質身體上做更動。胡醫師說：

「基因本來是長鍊核酸分子上的一段，在特殊狀況下，有可能斷裂而接上一股其它基因，改變成不知名的東西，生物化學的方法可能完全沒辦法控制那些改變，人就跟上面斷了那源自於神那狀態的連結，人沒有那個連結的根了，根源不見了，後果會是什麼都不知道了！」

人失去根源，那是何等可怕的事？然而今日人們卻無知無覺，反以外星生命為仰望目標，到底是為什麼呢？這令筆者想到 2012 年，日本有一本大爆冷門的暢銷書《我們都是外星人——你來自哪個星球？》列舉出 17 個星球來源的生命，宣稱他們就是人類的始祖；而人類可以透過書中所指導的方法，找出自己的「根源」。姑且不論內容真偽，此書的風行，顯示了人們對於自己生命的迷失與疑惑，已到了求助無門、六神無主的地步。古人說：「朝聞道，夕死可矣」；修煉界有一句話：「千年不得正法，也不修一日野狐禪」，表達真道之珍貴難尋，可以為其付出性命亦無悔；以及不輕易為魔道所惑、求取正道的意志堅定。反觀當今，各種毫無根源的說法輕易可成眾人膜拜追求的對象，以天馬行空的方式想求自己生命的根本，其標準的下滑與淪喪不言可喻。

## 正本清源——西遊記的啟示

中國經典名著——《西遊記》，影響了千千萬萬的中國人，被古人譽為是一部「悟書」；除了將中華傳統文化儒、釋、道精華表達無遺，也顯示歷經苦難、取經(徑)得道的不易。從西遊記的兩個故事，我們可以看出古人的道德觀——堅持正本清源，剷除妖物，與現代人差距有多大。

在《西遊記》第九回——〈陳光蕊赴任逢災　江流僧復讎報本〉描述唐僧玄奘出身：玄奘父親陳光蕊本是海州狀元；母親是丞相之女。兩人新婚後歡天喜地、一同搭舟上任江州州主，不意遇到一名盜賊，見陳妻貌美，貪念一起，竟將陳打死拋入河中，奪其妻並冒名頂替陳光蕊赴任。陳妻因有孕在身，忍辱屈從產下一子，又怕盜賊加害幼子，就寫下血書一封，將嬰兒以木板托著放水流去。這小兒順水流到金山寺，被長老在寺裡養大，小名江流，法名玄奘。

待到玄奘長到十八歲，長老拿出血書對他說明身世。玄奘為尋身世，好不容易找到生母。母親淚流滿面，對他說明父親被賊人害死，要他為父報仇。於是玄奘輾轉找到擔任丞相的外公，稟告唐王，當下發兵六萬擒住此賊，就地正法。

玄奘之母竟不念十八年與惡賊的夫妻之情，毅然決然讓玄奘報了父仇，在今人眼中，可能沒法理解，但在古人想法，卻是天經地義：此賊奪妻、竊官，與殺父之罪，若不就地伏法，天理何在？

另一則故事為玄奘一行西天取經途中，遇寶象國公主被黃袍妖劫走。原來黃袍妖脅迫公主結為夫婦十三年，生下二子。好不容易寶象國公主遇到路過取經的唐僧，央求唐僧一行為她降妖，公主為了堅定除害，竟肯讓八戒與悟淨將兩個自己與黃袍妖生的妖兒摔死在寶象國的宮階前、讓悟空從容收妖，對於正邪之分、善惡之辨勢不兩立，可謂清楚至極，亦可見古人觀念中正本清源、不許鬼物入侵的嚴肅態度。

這兩個故事，都說明了惡人邪物，即使假借其他身份隱匿，或想方設法混入人世、與人生下妖物，最後還是必須在彰顯真理與公義的道路上被歸正或清除。這樣看來，外星生命即使在人類基因或血統上做了什麼樣的邪惡的安排，最終必須被更高層的力量導正，人世才有希望。

## 5-4 從科技、電玩變異人心

上述科技發展之後的基因改造作物、疫苗接種等等，極可能造成人體的基因變異，然而「人心的墮落」才是真正使人類萬劫不復的關鍵。倘若人心向善、道德回升，不為利益所誘，諸般亂象不攻自敗。然而人心淪陷與麻痺，過度傾向科技發展，是一大原因。

人們依附科技情況愈演愈烈。自古以來敬天信神的良知信念、親疏遠近的倫常關係，在科技誘惑的天羅地網下，幾乎破壞殆盡。舉兩則新聞為例：2015 年 7 月 9 日，台灣各大報新聞皆報導：三峽一名 15 歲徐姓少年，將家裡幾乎所有家具破壞殆盡，踹門倒櫃、砸茶几、馬桶……，只因為 60 歲老母親不買新手機給他。又如 2015 年 1 月 16 日，轟動全台的少年自殺新聞：一名新北市國二少年，因父母不讓其買新款手機，他私下購買後被發現沒收，少年竟一怒從 27 樓躍下，當場身亡……。科技與手機、電玩正在腐蝕人類原本正常的生活，這些新聞只是冰山一角。

## 科技通訊造成的溝通疏離

上述的案例顯示，人們對科技產品的慾望竟然勝過從小朝夕相處的親人，與自己寶貴的生命。其實環顧四周，不論在餐廳、捷運上，或是馬路中，我們可以看到手不離電腦、電玩的人們。有些孩子就是讓父母以電視、手機當保母帶大。藝人藍心湄就曾經在電視分享一位朋友的孩子，因為從小給菲傭照顧，菲傭以手機安撫孩子，結果十歲的孩子疑因藍光傷害而失明。科技產品對身體影響巨大，對心靈影響又何嘗不是？

一位研究行動通訊達 20 年的專家雪莉・透克 (Sherry Turkle)，曾經是科技通訊的擁戴者，她在 2015 年 TED 的演講——《有連線，卻孤單？》(Connected, but alone?) 描述手機已經深深影響現代人的相處方式。人們群聚在演講、餐會，甚至是告別式上，卻各自低頭於手機上的活動，彼此躲避應有的交流，並且視以為常。這對中年人來說，或許影響微乎其微，但是對青少年來說，卻因此與人更加疏離，導致他們從社會關係與角色中脫軌，甚至漸行漸遠。正如一位 18 歲的青少年對雪莉所說：「有一天，總有一天，我想學習如何與人交談。」然而由於隱蔽在手機裡使他更加自在，這一天恐怕遙遙無期。

目前，許多朋友與家庭之間，已經出現了「寧肯傳簡訊也不願意開口說話」的溝通模式，日本的所謂的「繭居族」與台灣中輟生日益眾多，幾乎全是網路重度使用者。而退縮或迷失在虛擬空間的生命，所感受到的不是真正的幸福，而是越來越冷漠、負面與疏離人群，喪失本應有的角色定位與生命能量，實在令人擔心。

雪莉講出了一個令人深思的事：網路連線上簡短的話語，代表不了真正的對話，而人們唯有透過真實的對話才能認識自我，才能深刻反省。對成長的孩童而言，過度依靠網路上的溝通，危害了他們自我反省的能力。如今有仿人形的機器人服務生、看護與保姆，人們對其投入愈來愈多的感情與期待，卻對真實的人際關係愈加退縮。「人與人」的連結表面上更加順利輕鬆，其實是更為脆弱而不堪一擊，更可怕的是人無法忍受「孤單」，時時要以科技排遣寂寞，反而更加空虛煩躁。古人為學修養，講究「定靜安慮得」的次第功夫，心靈無法沉靜的結果，不但無法內省提升，最終的下場就是陷於混亂而易於被外力操控。

為了要達到以科技破壞人類正統文化的目的，外星生命已經布局潛伏了一段很長的時間。筆者有一位朋友，自小就能感受外星人在隱蔽處窺伺、觀察人類。她形容那是一種「冰冷、機械化」的感覺，也清楚知道當今的電腦與科技都是外星人操控人的工具，因此極不願學習與接觸。後來她上了大學，因為學業關係必須要以電腦完成作業，而無奈使用電腦時，竟發現外星人在另外空間得意的大笑。後來這位朋友全心投入神傳與正統文化的弘揚，因為她深知那是人類解困的良方。

## 電玩對生命的可怕影響

早在 10 年前，就有日本森昭雄與島隆太兩位教授的研究震驚世人：一群玩電玩 10 小時以上的青少年腦波測量狀態，竟然與老人失智症患者高度相似。研究顯示，每天玩 2~7 個小時電玩，即使沒有玩電玩時，前額葉也幾近停止狀態。書中描述：「這樣的孩子平常都像是在發呆、集中力很低、常常忘記事情或東西、沒有時間觀念、不善於跟朋友交往，有經常不上學的傾向，學業成績多位於中下。而電玩型頭腦的人幾乎也知道自己有這些症狀。」對照當前每個班級幾乎都有幾個電玩成癮而症狀符合的同學，更令人心情沉重。而今科技的發展，與其說為人類帶來幸福的生活，不如是說形成痛苦的煉獄。

2013 年馬來西亞一位品學兼優的學生，對線上電腦遊戲著迷，一天被發現突然暴斃電腦前面的悲劇，這位學生喜愛玩線上電腦遊戲，經常從下午坐在電腦前直到凌晨，連續長時間玩遊戲，儘管父母多番勸告，還是無法自拔導致失去生命。

2014 年新北市一位男子清晨被父親發現一動也不動地坐在電腦桌前，經家裡人撥打 119，救護車到時已經身體冰冷，沒有生命跡象，其父向警方表示，兒子沒事就坐在電腦前打電動，由於沒有任何傷勢，懷疑是打電動打到暴斃。台中市也有一位年輕人，因熬夜玩網路遊戲連續 5、6 個小時，被家人發現猝死在床上，面前就是電腦，而電腦螢幕還停留在網路遊戲畫面。

醫生研判這些案例是長期熬夜、不運動，一直待在電腦前玩網路遊戲，可能罹患「經濟艙症候群」，造成靜脈血管栓塞，血栓跑到肺部猝死。這是醫學上事發後的判斷，但歸納起來，都是因為玩電腦線上遊戲，長期沉迷其中，導致不幸。這樣的案例不少，可見沉迷於電玩容易讓人無法自拔，甚至耗盡精力失去寶貴生命，但這些因電腦遊戲被奪走生命的，生命的精華之氣會不會被隱蔽在電腦背後的操控主腦取走呢？即如「駭客任務」中的異形吸取人類血液、傳說中的邪魔也以人的靈氣為食糧。外星生命要的不就是這個嗎？

## 電玩是邪惡外星生命變異人心的利器

有些人可能不知道，目前坊間的電腦網路遊戲也出現外星人與人類接觸的模擬情境，遊戲內容包括外星人訪問地球是為了瞭解地球人，或外星人綁架人類再進行實驗，在攻略遊戲程式中設定地球人（玩家）遇上外星人，甚至讓地球人懷孕生個外星寶寶，還有對人類所鍾愛的寵物進行體力抽乾，再把這些體力轉給外星人。

在網路遊戲的設定上，從如何讓外星人參訪家裡、拜訪時間有多久；到來訪的外星人可選擇綁架地球人，或跟人類展開社交活動進而成為朋友；甚至詢問地球人要不要搬去和他們一起住。有的遊戲還提供運用外星人的特殊超能力，展現外星人自身可掃描身邊的物件或快速復原損壞東西的能力。

從工業革命開始，外星科技滲入社會，到近代結合電腦的大舉入侵，可說已無孔不入地掌控人類社會。這些模擬外星人情境的電腦遊戲，讓玩家漸漸接受外星生命的來訪，展開雙臂歡迎這些充滿聲光刺激與詭異互動的夥伴進入生活圈當朋友，反而對現實生活中知情達禮、以溫暖善良的相處方式贏得友誼的世界日益生疏。人們對外星人的生存環境越來越不感覺陌生：兒童的動畫片裏充滿了外星人的生活影像與暴力，電影宣揚外星人與人友好相處的理念，充斥著各種科幻形象與思維。大量描述外星人的東西出現在流行娛樂產品，致使人類越來越被外星文化薰染從而如催眠般無意識的接受。其實這些都是外星人有計畫帶給人類的。外星人把他們對地球人的入侵手法與行為置入到電腦遊戲、電影、科幻小說中，一段時間後，人類自然接受外星人的入侵，甚至被殖民而不自知。而這些顛覆倫常與傳統的觀念，終將塑造出截然於其父母不同的下一代，質疑或拋棄人類自神傳承千年的珍貴文化，這是令人極其憂心的問題與危機。

外星生命窺伺地球已有上百甚至數千年的歷史，由於他們是高科技、無靈性的物種，企圖以科技變異人心最為容易，禍害尤以電玩為烈。根據研究，許多「無差別殺人」的罪犯，都有電玩成癮的問題。2011 年 7 月底的挪威殺人魔一案震驚全球，殺手在挪威烏托亞島 (Utoeya)

拿槍掃射島上參加夏令營的青少年，造成共 76 人死亡。該名叫做安德斯 (Anders) 的 32 歲兇嫌在日記中表示：玩這些電玩殺人遊戲可以「演練」一些殺人行動的細節。而 2014 年，鄭捷在捷運冷血殺害四人、傷害 24 人事件震驚全台，其自言平日最大嗜好即是電玩。可見電玩不僅僅傷害人體，更具毒化、異化心靈的結果。

表面上，人們只是喜歡打電玩；實際上，很可能是電玩導致腦部改變的病態結果。研究顯示：越早接觸電玩，越容易沉迷，而前腦的優先考慮、控制情緒功能就會受影響，容易導致幼稚和衝動的決定，間接引發暴力行為。這也說明了電玩風靡之下，校園亂象叢生、道德淪喪，情緒失控而霸凌四起的結果。

筆者觀察，每當報紙或輿論出現批判電玩對人類具有負面作用的言論或學理時，常常在其下留言出現一連串侮辱、不理性的謾罵，那種傾全力維護的狀態猶如共生共存、失去自我的盲目信仰。如果說人類有一層身體符合了外星科技安排的機制、心靈狀態也受到電玩改變，那麼出現這種情況，就一點也不奇怪了。

電玩不是單純的消遣遊戲，它會在實質上改變人的心裡與身體狀態。2015 年 5 月 18 日的《蘋果日報》報導【2】，網路論壇 PTT 網友貼出一段影片，一名女子替一名疑似被認為遭到「暴力電玩惡靈」附身的少年驅魔，還有人在旁邊拿著手機測試少年心跳，過程中女子不斷大喊「戰神出去」、「斯巴達出去」、「離開他離開他」等字眼，少年身體也開始顫抖，接著突然躺在地上不斷嘶吼，扭動身體，還需要旁人幫忙壓住他，看起來相當痛苦。另有一個未入鏡的女子拿著手機 APP 量少年心跳，隨著驅魔儀式的進行，少年的心跳也從一開始的 112 飆到 196（正常情況下成人心跳速率為每分 60 至 100 次），嚇得旁人直呼「心臟怎麼受得了！」電玩是否有邪惡力量左右人體？就讓讀者自行判斷了。

## 科學家的警告：人類會被外星生命取代

如果目前的娛樂與文化都是外星人有意置入，他們必定也掌握了人類的遺傳基因工程。2016 年 1 月，據英國《每日郵報》報導，以「搜尋地外文明計畫」而聞名於世的資深天文學家蕭斯‧塔克，就在其部落格篤定斷言：「本世紀可能是人類主宰地球的最後一個世紀，因為基因工程嬰兒和人工智能 (AI；Artificial Intelligence) 將會產生替代人類的新生物而占領我們的星球。」

這位 72 歲的科學家憂心忡忡地問：「難道這是人類的最後一個世紀嗎？」他認為，隨著遺傳工程兒童的增加，我們的子孫可能會「迎來人的最後一幕」。因為遺傳工程學的快速發展，將大幅度改變人類後代：「重新設計我們的孩子會更快地改變我們的物種。我們最終能產生和我們人不同的後代，就像狗和灰狼的那種差別。」

蕭斯·塔克預測在 2100 年之前，現在的人會製造出通用人工智能 (AGI，Artificial General Intelligence) 或是稱為「強人工智能」(Strong AI)，這是具備意識、知識、感性、自覺、自我學習等人類特徵的智能。知名物理學家加來道雄 (Michio Kaku) 也在著作《2050 科幻大成真》(The future of the mind) 斷言，本世紀末，機器人可能會具有猴子等級的智能，並開始產生自己的意識。

當機器人都具有意識，當人類的下一代與受到外星科技的基因改變時，蕭斯·塔克預言人類將有可能變成另一種截然不同的生命。自然地，這樣的生命將永遠失去神的眷顧，落入無邊的黑暗。

就如同《西遊記》中的各方妖魅都想吃唐僧肉；邪惡的外星生命也想要操控人體，因此使盡各種手段。因為外星人科技而嚴重變異的人類生命，要如何重返正途呢？外星生命布局的伊始，就是以無神信仰為第一箭；他們首先要讓人對神失去信心，放棄信仰。因此人的選擇是非常關鍵的。文學名著《浮士德》就說明了人是自願「出賣靈魂給魔鬼」，選擇了墮落。反之，倘若人的意願很堅定，也能不受影響，就能倖免於難，無懼於邪惡的侵害。

## 5-5 追求物質、金錢化的社會體系

在研究外星人的專家學者，有一位名叫大衛．艾克(David Icke) 的英國人士，致力推動「外星人陰謀論」。他列舉各地出現地底爬蟲人的證據，主張如蘇美爾、瑪雅文化都是由爬蟲類外星人所建立的文明，而這股外星人的黑暗勢力從未消失，綿延至今已經成功佔領了人類的統治者階層。當前的政治強權領袖、資源擁有，以及金融體系的操控者，都是爬蟲族人的傀儡或是混種的化身。這些異形生命猶如附體一般，以再也合情合理不過的姿態，強佔無知人類的資源。歷史上的嗜血文明統治階級、尊貴的皇族血統，以及神祕的光明會 (Illuminati)、共濟會(Freemasonry) 組織，乃至活躍於當今世界舞台的權貴名流，莫不為爬蟲族人代言人，或甘願為其統治世界、取代人類的目的伏首服務。大衛大聲疾呼，在此人類續絕存亡之際，必須團結覺醒，面對異形橫行的世界。

大衛的思想表面看來荒誕不經，但是深思目前人類社會種種亂象，尤其在金融世界的極端操控與整體失控，人們卻普遍處於麻木不仁的奴役狀態，大衛．艾克之言未嘗沒有道理。

## 金融體系如科幻小說般詭異

2011 年 10 月 13 日，法國經濟學者黑彌．艾海哈 (Rémy Herrera) 蒞臨台灣成功大學演講，題為《不是金融危機，是資本主義的系統性危機》(Not Financial Crisis but the Crisis of Capitalist System)，文中他痛批目前金融的發展已經讓全球陷入危機。工業革命之後，從英國發展起來的 18 世紀後快速成長的資本主義，由於過度累積不當資本，釀成世界禍源。按照黑彌的說法，少數人累積世界資本的速度與方法，就像「科幻小說一樣離奇」他說：

「當資本的積累集中到少數巨富手上，這反而妨礙了真正有需要的人去消費，或者根本沒有能力去消費。尤其是當今整個金融操作的系統，允許資本不斷積累、快速積累，積累到這些資本變得越來越抽象，越來越不實際。這些資本的形式變得像科幻小說一樣，既存在，又彷彿不存在。包括國家債券、股票市值、銀行資本……，都像是虛幻資本的不斷積累，而且越來越虛。」

在這個巧妙的幻術操控下，黑彌痛責少數人佔有大半人的財產。他舉美國為例：30 年前，最頂端 1% 富人所佔有的財富，是國內生產總額的 10%；但是，到了今天，這 1% 的有錢人的財富就佔了國內生產毛額的 25%。30 年前，前 10% 的美國富人的財富是總體國家財富的三分之一，但是到了今天，這 10% 有錢人所擁有的財富超過整個國家財富的一半以上。

黑彌以專家綜觀局勢的眼光剖析其中問題。他說：

「整個金融的操作，其數目極其龐大，其手段極其複雜，已經超過人類所能想像的程度。那些天文數字，那些迷宮一般的操作手腕，已經到了匪夷所思的地步，因此，對我們而言，是沒有意義的。但是這麼龐大的金額和操作機器，卻落在非常少數的幾個寡頭身上。有時候，我們稱之為『十五人集團』。就是這些跨國銀行的寡頭在操控著地球，這些寡頭大部分都在美國，譬如說『摩根史坦利』集團，『高盛集團』……就是這些人在玩弄整個金融體系的衍生性商品。這些商品通常是非常非常複雜的組合。我們把金融體系的操作講得這麼複雜，其實本質上是非常簡單的，因為它們根本就是非常荒謬，荒謬到你根本無法理解，因此也不需要去理解！」

## 極度追求物質生活的危機

黑彌控訴當前金融現象的不公不義，很大部分是源自於當權者，來自於政客的選擇，由於這些政治人物推動的「緊縮政策」，緊縮國家的公共服務支出，造成大量的失業，許多人生活失去最基本的保障，人民的生活越來越困難。但是，他們另一方面又助長了分期付款、借貸消費的行為，於是人民註定陷入永遠貧困的狀態。黑彌說整個資本主義體系的崩解已在進行。他說：「整個金融資本價值的消泯也許不是那麼快，但總是會到來，因為真正的價值是來自勞動，來自於生產，而不是來自於金融的操弄。」

正如黑彌所說，目前人類自有文明以來，金融體系所構築成的人類社會體系，從未面臨如此搖搖欲墜的巨變與險狀。英國工業革命之後，伴隨著外星生命傳入的科學迅猛發展下，人類生活型態突然面臨異常、巨大的改變。在「進化論」、「無神論」、「唯物論」……等邪說猖獗發展的思潮中，人們盲目追求豐富的物質資源，毫無保留地進行掠奪。既然「神佛有知」與「靈魂不朽」都是空言，天堂與地獄並不存在；既然人只是物質構成，死亡後就灰飛煙滅，只有及時行樂。在物質至上的世界，金錢就是王道，於是「財富」成為人們畢生追求的唯一目標，至死方休。

人們為了錢財不擇手段，將「人不為己，天誅地滅」奉為信條圭臬，以金錢、地位、財富、權力、名聲、享樂衡量自我與他人。為了一己私利，互相提防、互相欺騙；人心益發險惡、人格益趨低劣。可悲的是當一個人的「快樂」建立在不斷放縱自我、追求物欲時，痛苦就如影隨形了。因為棄道德良知不顧之後的享樂，只剩下空虛與痛苦，於是人在不斷追求快樂中產生了更多的負面情緒，誘發更多的痛苦，如此循環往復，人們最核心的力量所在——心靈世界的和諧與平靜的幸福，也就一去不返，帶來的是社會、環境、生態方方面面的崩壞。

## 陷於絕望中的困境

可笑可憐的是，縱然人們如此渴望獲得金錢，寧可為金錢犧牲時間與尊嚴，一切龐大的財富始終集中在少部分人的手中。根據研究，全球人口有三分之一生活於每天少於兩美元以下，有 200 到 300 家公司，擁有著超過世界一半以上的財富，整個金融體系的建立，就是為了讓全球 80% 的人口生活在貧困中。極度發展科技物欲的結果，人類也面對道德淪喪、環境污染、生態災難、疾病瘟疫，以及恐怖暴力四起的世界。

人們要靠自己的能力從污濁的亂局中爬起，已是欲振乏力。而寄望於某些外星生命宣稱要拯救世界的人們，可能要失望了。即使他們表現睿智、高於人類一等，現實世界中，他們一次又一次的承諾落空、正邪不分的思維邏輯，以及模稜兩可的話術之下，實在很難成為人類仰望的明燈。

然而，久遠久遠的以前，《佛經》就記載彌勒將在末世度人，《聖經》中的救世主將在以色列建國後重返人間，難道這些神佛的承諾也會落空嗎？

## 結語：新篇的開始

本書從被外星人出現挾持的事件調查、學者的深入研究、外星人通靈者所言，以及正法修煉者的所見，讓讀者能從多方面理解外星生命。而今，這趟旅程來到了終點，面臨了抉擇的時刻。

人類已經來到重要的分歧點。即使目前人類社會充斥沉溺於各種腐敗墮落，我們相信世界仍然有著再次重生與純淨的希望，因為這是久遠以前神佛應允我們的願望。

《聖經》預言，在人類的最後時刻，以色列復國之後，救世主彌賽亞將來到人間；而東方的佛經也稱，在優曇婆羅花開放之時，未來佛彌勒將下世普渡眾生。現在，預言中的事已相繼應驗，驚天動地的變化，已然出現。

### 東、西方救世主的預言

已故著名國學大師、佛學家、翻譯家季羨林和其徒弟錢文忠教授的一個重要貢獻，就是發現了佛家與基督教之間的聯繫，那就是「佛家的未來佛——『彌勒佛』，和基督教的救世主——『彌賽亞』是同一個人」。

根據2011年3月，《新紀元週刊》張傑連的報導——〈彌勒佛和彌賽亞：末劫時期東西方的救世主〉一文，就詳述上海復旦大學錢文忠教授的考證，發現佛經中的「彌勒」就是希伯來語當中的「彌賽亞」，同一個詞，只不過在西方要讀彌賽亞，中國音為彌勒，這樣類似的情況在人類文明史上很常見。

彌勒是「萬王之王」在末世由最高處下走時所使用的佛號，法輪聖王是「萬王之王」下到法界時的法號（人間稱轉輪聖王），所以釋迦牟尼告訴他的弟子：法輪聖王也稱彌勒。

《聖經》裡無論《新約》還是《舊約》，都預言了救世主彌賽亞將在人類最後末日時刻降臨。傳說中救世主彌賽亞來到人間的一個徵兆便是以色列復國，並且以色列復國後的那一代人，就可以看到救世主彌賽亞的降臨。

二戰結束，以色列人經過幾千年的流浪，在世界的矚目下終於完成復國大業。1948年5月13日，耶路撒冷發表猶太大會宣言，宣佈「以色列復國」。縱使西方信仰的主流是「基督教」和「天主教」；而以色列是截然不同的「猶太教」；但要讓救世主降臨的這個條件——「讓以色列人重返耶路撒冷建國」，是如此地重要，因而半個多世紀以來，西方各國在「讓以色列復國」這個共識上從無異見，一致堅定支持以色列，超越了歷史上諸多宗教紛爭與政治利害，就是為了迎接彌賽亞的到來。

在東方，同樣記載了未來佛彌勒（轉輪聖王）下世的重大信號，那就是「優曇婆羅花」的開放。

佛經《慧琳音義》卷八載明，「優曇花……云祥瑞靈異。天花也，世間無此花，若如來下生、金輪王出現世間，以大福德力故，感得此花出現。」佛經《法華文句》四上：「優曇花者，此言靈瑞。三千年一現，現則金輪王出。」《大般若波羅蜜多經》中云：「人身無常，富貴如夢，諸根不缺，正信尚難。況值如來得聞妙法，不為稀有如優曇花？」都說明此花開放罕見稀有，是印證「轉輪聖王」下世的福音。

優曇婆羅花又名「空起花」，意其生長為「無中生有」，其出現亦不可思議。自 1992 年以來，韓國、日本、台灣、泰國、香港、馬來西亞、新加坡、澳洲、美國各州、加拿大、歐洲、中國大陸各省，相繼發現此一純白纖

2007 台灣嘉義民雄國小盛開傳說中的優曇婆羅花。(大紀元)

秀的優曇婆羅花蹤影。人們可以通過網路圖片搜索，一睹其高貴聖潔之風采。婆羅花無根、無葉、無水、無土；玻璃、鋼鐵、佛像、樹葉、紙箱、塑膠均可開放，有花開超過三年仍生機盎然。自古以來無人得見，除佛經外未曾留下任何文字紀錄；今天的植物學家也對其現象瞠目結舌。今年 (2016) 按佛紀年是 3043 年，迎接法輪聖王的優曇婆羅花早已盛開各地，以冰雪之姿向天地頌讚聖王降臨。

## 創世主已來到人間

傳說中救世主已降臨的預言正在應驗，連瀕死體驗中的人也接到這一訊息。2015 年 8 月 11 日，一篇新唐人網站上的《神奇的瀕死經歷：創世主已來到人間》就呈現這樣不可思議的故事。

丹尼・白克雷先生 (Dannion Brinkley, DOA) 是美國著名的暢銷書作家，他經歷了三次瀕死過程，用他自己的話來講就是：「我死過多次。」根據自己的瀕死經歷，丹尼寫成《死亡・奇蹟・預言》(Saved by the Light) 及《天堂教我的七堂課》(At Peace in the Light)，雖然兩本都只是薄薄的小書，但極為暢銷，反響熱烈，一部比一部轟動。

丹尼描述他在 1975 年，25 歲之際，因為雷擊而陷入瀕死狀態。在那個狀態中他看到自己脫離肉身、醫護人員急救後宣布他死亡的過程，然後他聽到美妙的音樂，看見輝煌、能量巨大的生命，綻放著彩虹般的奪目光彩，散發出極度強烈的無條件的善和寬容，那種強大的善的力量是他一生中前所未見。然後他在這個偉大生命的能量下進行一生的回顧，體驗到了今生所做的好事和壞事帶來的快樂和痛苦。他說：「我曾經幫忙運送槍枝到南美洲一個國家去，之後就返回美國。但那些槍枝後來被人用來射殺了一些軍人及無辜民眾，這些人死亡時的痛苦和無奈，以及後續所衍生出來的數以萬計的家屬們的悲痛、失落、彷徨、無助，也都回到了我的身上。……從生命回顧中，我看到了因為我的惡劣行為所帶來的死亡和傷害。我們全都是人性大鏈環裡的一個環節。人所做的一切會影響到其它的環節。」

「那位閃爍著銀藍色光芒的生命給我回放人生歷程，我看不清他的面容，但可以感受到他難以言表的寬容和慈善。我明白了讓我看到自己在塵世生活中所做的錯事，並不是為了打擊我，而是以愛護我的方式教導我。通過全景生命回顧，我知道了應該如何糾正我的錯誤，我要用善的力量重塑自己。後來我又被告知：人類應該給地球帶來美好，而創造美好可以從很小很小的善意開始。」

那位偉大的生命對他說：「你們人類是真正的英雄，那些敢於來到地球的生命都是勇士，因為你們以其他生命沒有的勇氣在做事，你們與創世主一起到地球上共創未來。」

丹尼的體悟意義非凡。創世主來到人間，更是令人無比振奮的一則訊息，在這亂世中給了人一線希望。

## 遇到外星生命的實例

筆者訪問過一位住在澳洲，從事室內設計的華裔女士，名為艾美 (Emmy)。她年輕時移居美國，結婚以後才搬到澳大利亞。她說 80 年代開始，由於周遭許多朋友對飛碟、外星生命都有研究熱情，她也開始感到興趣：「我開始對這方面有些瞭解，很想遇到他們，就是一個好奇心。」由於這個好奇心，1987 年，艾美到了美國亞歷桑納州 (Arizona) 的塞多納城 (sedona)。她說：

「那個地方非常神奇，有很多水晶，能量很厲害，因此那邊有很多追求精神靈性方面療養的中心。我認識很多人，其中有一些人對外星人很有研究，引起我的興趣，很想見他們，一年跑過去好幾次。」那位朋友告訴艾美：「只要妳想見外星人，妳就可以見到他們，他們會給妳一個只有妳知道的訊號。」艾美就這樣租了一部車，自己開著車子去了。她對當時自己的狀態也覺得不可思議：「我就是一個想法、一個念頭想見他們，如果頭腦很理智的話是不可能的，好像不是我做得出來的事，……那裏都是無人的沙漠，開了很多鐘頭的車子，也不知道東南西北、有沒有路，快到晚上我就把車子停下來，很冷、風又大，我不敢出去，就坐在車裡睡著。」就這樣不知道睡了多久，她說：「突然間有一股很大的力量把我從車子裡拉出去，我很清楚自己離開了肉身，就進去了，進去的時候裡面是一個很大的空間，甚麼都看不到，就看到他們一個個站在我前面……他們眼睛很大，個子很高(約兩公尺)、很瘦，臉是瘦的，嘴巴很小。」

就在驚惶之際，艾美腦中一閃，很堅定地說：「NO ！」她形容那個否定力量是全身細胞都在喊、全宇宙都迴盪一般的巨大震動，她說：「我說得很堅定，連我自己都很震驚……，我就一直跑，不知跑了多久，一下子就回到我的肉身裡，全身都流汗，一看時間不知過了多久，才開始感到害怕，知道不是隨便可以當玩笑的事。」艾美後來回到澳洲，還有幾次類似的經歷：例如開車的時候看到雲後面藏飛碟，但只有自己看得見，別人無法看到。還有一次是剛從美國回來不久：

「有一天我因為時差在沙發睡覺的時候，就連著沙發飛起來，還有一次他們來壓著我，我很清楚是他們來找我，我很清楚說『NO』，那個力量又消失了，……他們再沒有來找我。」

如今修煉法輪大法的艾美說：「我後來才看到有些人身上是有（佛的）印記的，所以外星人不敢碰。」她並且苦心忠告大家：「千萬不要有想要和外星人接觸的想法！」

## 走在路上都能看到外星人

由於提高心靈層次就看到另外空間的實像，看見或感受到一般人所不能見的事物，曾服務於新唐人電視台主持人的簡淑惠，常常在街上看到外星人。談到這個與生俱來的能力，她說：

「我從小就有他心通，那個從小是在學齡前，很小的時候就有了。」

她描述發現這個能力的過程：「……我記得有一次，有一個非常漂亮的餅乾鐵盒子，因為餅乾吃光了，等下垃圾車要來，爸爸要把它丟掉，我就用他心通告訴他那個鐵盒子我要，結果爸爸還是把它丟掉了，我非常驚訝，我就開始想為甚麼他不知道我的想法。……還有一次是一群小孩子玩，有小孩子把很貴的花瓶打破了，大人就讓小孩站成一排，來來回回問花瓶是不是你打破的，我每次都說不是，問了很多次，但是我非常緊張，因為站在我旁邊的就是那個打破花瓶的小孩，感應到那個小孩的緊張，緊張到心要跳出來，我很想告訴他：『你可不可以不要那麼緊張，這樣我很不舒服！』……結果有一個太太就走過來，就指著我說：『她的神情就是不對，我看很久了！』結果我就被處罰。」

修煉之前，她常常看到另外空間的東西低層次的事物，像是往生者，修煉之後看到可能就是神、仙女、龍等另外空間的各種生命，也能察覺外星人的存在。她說外星人的頻率與人不同，不難發現。她舉一個最近的例子：

「有一次在捷運上我看到兩個男生在聊天，但是頻率不對，再仔細聽，那不是地球的語言，聽起來就不是，這兩個男生發現我看他們，也往我這邊看，我就不敢再看了，我從另一個捷運門下去，他們還在看我，……因為我背後也能看，所以我知道他們還在看我。」

「我還看過一個蜥蜴人形的生命，是在一個中年人身體裡，我很驚訝那個人為甚麼裡面藏了一隻蜥蜴？而且蜥蜴很大，就跟人一樣大，懷疑他是不是被附體，後面還有一個尾巴，可是外表看起來是一個正常人。」

外星人偽裝成人類的目的是什麼呢？她說：「感覺對人很好奇，雖然我沒有深入看他們的狀態，但是可以感覺他們覺得我們這裡很新鮮、很好奇，所以可能也是一種研究的心態。」

談到如何感知他們是外星人，她說：「……因為頻率跟我們人類完全不一樣，尤其在捷運車廂裡，感受到很強烈、不一樣的能量，那不是我們地球原有、習慣的頻率，就是覺得那完全不一樣、不相容。全身都覺得很奇怪，也不是厭惡，就是感覺不應該是這裡的東西跑到這裡來。」

對於外星人混血計畫，她說：「外星人身體結構跟人根本不一樣，世上唯有人可以修煉，外星人沒有，所以他們想要得到這一部分，才想要改造人類的基因，這是最主要的原因。外星人想要與人完全融合，像人一樣是神造的，那根本不可能。因為人修煉之後，會發現很多很多稱之為『功能』的東西會出來，那是外星人科技研究再怎麼發達也沒辦法達到的。外星人的表現，在修煉人看來根本微不足道。」

對於外星人的計畫是否可能實現？她斬釘截鐵地說：

「混血是不可能的，即使外表很像，但內在完全不同，因為有一些與上面連結的部分斷掉了，修煉之後人可以到達另外空間，可以和神溝通，那都是外星人非常想要得到的東西。」

對於時下以外星為時尚的人類，她語重心長地說：「我們要認識到人是神造的，外星人他們也很想從我們身上得到東西，如果他們真的那麼完美也就不需要那麼大費周章。很多東西在我們傳統文化裡面，尤其是中國的文化裏面就可以找到，很多神話故事都不是虛傳，都是古代修煉人的親身經歷，你可以從當中找到我們的根源，……最主要是你的認知，有沒有認識到你的來源，不是靠外星人拯救，而是要找到自己的根。」

## 人類未來的抉擇：異化異端 VS. 回歸神路

自古以來，人類相信神的存在，各民族有他們的神保護，宗教信仰與人類的關係非常緊密，正信維持了人類對真理的堅信，這也是人類幾千年來生存的精神準則。中國的道家講「返本歸真」，佛家講修持「戒定慧」而達到圓滿果位，以及西方基督教的虔誠信仰，靠主的救贖升天成聖……，這些深植人心的觀念，締造了輝煌的人類道德與文明。

透過神的教導，人類在地球上創造了一頁頁輝煌、燦爛的文明歷史。歷朝歷代各時期的音樂、繪畫、建築、服飾琳琅滿目，美不勝收。口耳相傳或書籍文字記載的文學或民間歷史故事，大量又相當多元的承傳了下來，成為人類文化的瑰寶。

然而到了近代，實證科學不講神的存在，狂妄以為人心能夠主宰自己的未來，無異開門揖盜、引狼入室。在叛逆反傳統的行徑中，在自我中心、散漫亂性，或盲目放任的行為中，人的精、氣、神就不再純淨，導致思想與意識或經常處於混沌的情況下，無法理智清醒地作自己的主人，容易被外來、不好的邪氣干擾，妖言異論也就應運而生。尤其是長久以來懾服於神力與純淨人心力量蟄伏不動，卻始終覬覦完美如神的人體或地球資源，而不敢輕舉妄動的外星生命，就開始藉有形與無形的方式影響人類，誘使人類走上一條絕路。這樣慘烈的教訓史前文明就曾經發生過，特別收錄於本書末，由署名大法弟子所寫的《地球前世的大劫局》。

人的來源與神密切相關，人體的玄妙無窮無盡，透過修煉可以達到連外星人都不敢想像的層次，因此外星生命想方設法要截斷人與神的聯繫，最後使人泯滅良知，甚至主動信奉外星文化，猶如將妖魔放上神聖的殿堂，這就是走向一條最危險的道路了。

我們呼籲世人重新正視自己傳統文化中美好的寶藏，保持善良明智的思想，這樣的人在面臨關鍵選擇時，必定能選上正確的道路。慈悲等待的創世主始終眷顧著人類，因此勝利是必然的。

歡迎您與我們一起啟程，迎向最光明的未來！

1【大紀元 2014 年 6 月 30 日】記者李小奕／編譯〈UFO 專家：約翰藍儂遭刺殺 外星人主使〉http://www.epochtimes.com.tw/n95412/UFO 專家 - 約翰藍儂遭刺殺 - 外星人主使 .html

2【蘋果日報 2015 年 05 月 18 日】〈【驅魔實錄？】被「電玩邪靈」網羅 少年扭曲嘶吼〉http://www.appledaily.com.tw/realtimenews/article/new/20150518/612536/

附錄

# 地球前世的大劫局

大法弟子

那是很久以前的事情了，久遠得超出現在多數人的想像。那時候，長毛象、霸王龍還沒出現；始祖鳥、三葉蟲也不知身處何方；即使是藍綠藻、蛋白質這樣的早期生命型式，都仍未排入創造之列。實際上，那是遠在今天地球誕生之前的故事，為方便講述和理解，我們不妨稱它為「前地球紀」。

這裡，我們就不細說從頭，單只述說最後那段時日的種種。我所說的一切絕非憑空杜撰，而是確確實實在某個時空發生過。為何如此篤定？因為那是我亙古輪迴的記憶，一段刻骨銘心的歷程。

前地球紀尾聲，即末法時期，人類物質文明、科學皆達到前所未有的巔峰。那時的地球就像今天，有海洋、有陸地，只是大小、形狀、分佈不盡相同。住在陸地的人們（另外，有海底居民）也像今天種族繁多；他們說著各式各樣的語言，不同的是，類似漢字的象形文字才是當時的國際主流。環境上，一般而言極重視環保，物質都可以循環利用；建築多就地取材，以玻璃、石頭、木材、金屬等天然材料分區建築，所以都可以充分回收利用。信仰上，約有一半的人類信奉正教，其中又以佛法（大法）居多；另一半的人們則多屬唯物論者。

當時的修佛者，憑藉修煉，開啟天目，神通功能可以穿梭於各個時空，從高層次天國文明而學得科學技術，再應用於當下的世界。因此他們的進步，遠非平凡的唯物論者所能追趕。利用這個差異，長期覬覦有天能重返地球的外星生命便趁隙而入。他們化作偽神，透過肉身發光等手段，讓看不到正神的唯物論者信以為真神，甚至入侵唯物論者的意識，以遂行其侵略的目的。

唯物論者受外星生命操弄，開始發展石化工業、生產塑膠，嚴重破壞地球環境，並且製造武器；直到後來，終於擁有數量眾多的核子武器。在這之間，他們對金錢、物質、權力的慾望愈來愈深，變得愈來愈貪婪、墮落、腐敗。道德的敗壞、環境的污染對他們而言，早已不值得一提；甚至在光天化日下做著敗德的行為，絲毫不以為意。漸漸地，修佛者與唯物論者逐漸形成一條壁壘分明的界線，不單是內心信仰、性格（和平與好鬥），連外表（慈悲與兇惡）、穿著（樸實與華麗）、談吐（文雅與粗俗），都拉出了天壤之別的距離。

那一世，我的父母都是修佛者，從小我就跟隨他們修煉佛法，擁有多種神通功能。他們在當時最高的科學研究機構——「轉輪佛法科技研究中心」，任職發明部門的博士，對佛法科學進行研究，並有著諸多卓越的貢獻。最重要的，他們在研究的過程中，發展出「強子彈」的技術，其威力之大，轉眼間足以使地球灰飛煙滅。但因消息走漏，唯物論者瘋狂地想要獲得強子彈的資料和製造技術，因而全面追尋他們。父母為了保護我，讓我寄住在不信佛法的親戚家，同時為了不暴露我的身分，我始終不開口說話，因而難免遭受欺侮、嘲諷與異樣的眼光。

後來，父母見人們逐漸走向墮落，唯物論者為占領地球、獨攬資源，而窮兵黷武。心懷擔憂的他們便與修佛者展開一項龐大的計劃：世界各地信奉佛法的國度開始建造太空船，同時搜集世間生物的基因。另一方面，唯物論者逐漸聚攏，匯集武力、搜羅情報、擬定計劃，待能量累積足夠，最後——發動戰爭。

戰爭來得又快又急，出乎所有人意料。唯物論者同時對世界各地發動核子攻擊，轉眼間，平靜的地球已是一片烽煙火海。毀壞、流離、痛苦、死亡就像一張從天撒下的羅網，世間萬物無一倖免。修佛者向來愛好和平，無意經營任何軍事武力，除了少數防禦設施外，幾無任何反擊能力，因此面對唯物論者的瘋狂進犯，他們只能選擇被動的防衛或離開。

在這危急的時刻，我的父母駕著馬車飛速前來找我，然後迅速、隱密地將我帶到一個地方，那是座極大的基地，在那兒，停有一艘難以想像的巨大飛行船。正當我為眼前的景象訝異不已，父母各自從手上取下一枚戒指，交到我手裡。他們柔聲對我說：「兩個戒指合而為一，就是飛行船的鑰匙。」我用它開啟飛行船的艙門，三人一同登船。

船上到處是人，父母告訴我，他們都是佛法修煉者，為逃避戰亂而來到這裡，總數超過上萬。整艘船擁有獨立的生態圈，光線、空氣、水源、農地、果園……等，凡生命及生活所需一應俱全。船內除駕駛艙（往後我會在此度過多數時間），大部分是乘客起居活動的空間。船上有個地方，存有世間所有物種的DNA；另外，那唯物論者朝思夜想的強子彈也在船上，就放在一個金屬箱中。

我暗自納悶，既是避難，何必將強子彈帶在身上？它是唯物論者的最終目的，帶著它，不是自取滅亡嗎？我思索著，這時父母卻開口了，他們望著我說：「孩子，找個有冰的星系，引爆強子彈，新的地球將會產生。再將基因灑入新地球的江河湖海，新的生命便會誕生、繁衍。」直到這時，我才恍然大悟，明白這艘飛行船的真正意義為何。

父母短暫對望，點了點頭，像是對某種已經決定的事實作確認。「帶著人們離開，這是最後一艘。」他們急促的說。「那你們呢？」我既慌張又害怕。「他們來了，我們留下來抵擋。永別了，孩子。」我未及反應，呆立原處，腦筋一片空白。但見父母迅速步至艙門，下了太空船。

越來越靠近的唯物論者已對飛行船展開攻擊，父母原本就不打算與我們同行，不只是為了留下來對抗唯物者；他們擁有太多的智慧與資訊，外星生命勢必全力追捕，飛行船的安全也會因此備受威脅。為了船上一切，以及人類的未來，他們必須犧牲，而現在，他們正在船外，運用有限的防衛資源奮力阻擋，以掩護我們離開。

想到這裡，我只能強忍悲傷，振作精神，來到飛行船的駕駛室。我依照父母所教，把兩張貼片貼在額頭兩側，盤腿發念——這是飛行船的啟動、操作方式。飛行船逐漸離地，方舟搭載著善良的人們，背負著人類濃縮的文明，拋下時間，拋下歷史，拋下一切，離開了千百萬年來孕育著我們的大地之母。而我，也離開了我摯愛的家園、還有父母。

飛行船剛進入黑暗的太空，令人驚心的事情便發生了。已等待著的眾神立刻伸出制裁之手，準備銷毀這人心淪喪、污染嚴重、滿目瘡痍的地球。剎那間，毀滅如黑夜、如海嘯降臨地球，人們往窗外望去，只見一道金光擊中地球，隨之而來的是猛烈的爆炸。再次睜開眼睛，眼前已一無所有；沒有殘骸，沒有塵土，沒有任何痕跡，只剩令人痛心的寂靜與虛空。我們，再也無家可回。

往後的歲月，說是尋找，不如說是流浪，但其實更像逃亡。我們在宇宙間漂泊，尋求有冰、適合地球再生的星系，也冒險探訪許多不同生命居住的星球。太空船具有生態系統，維持所有人的生存不是問題，但是，我們總不能一直無根地，在這浩瀚無垠的黑暗中飄來盪去。更糟的處境是，一直以來被眾神擋在地球之外的外星生命，此時終於獲得最佳機會。雖然不清楚他們如何得知，但我想，他們必定知道這艘飛行船上載有能讓他們重建家園的強子彈及物種DNA。他們緊追不捨，對我們不斷發動攻勢，因科技不在我們之下，就算我以粒子轉化技術全速飛馳，仍始終無法脫離他們的追擊。

時間流逝，我們就在尋找、躲避、等待、防衛、維修之間，度過一天又一天。船上的人們，在這暫時的家園，過著平凡卻是安定的生活，並逐漸習慣這樣的日子。另一方面，艱辛的旅程，加上神通的過度使用，長此以來，不論身體、心靈，我都早已疲憊不堪。

某天，我因為疲倦落入睡眠，作了一個夢，夢中，一位金光燦爛、無比偉大的巨佛來到我的面前。祂充滿慈悲的說道：「從今以後，你不用再找了。宇宙將要正法，地球已經重組，萬物亦將重生。現在你隨我下世轉生，你的方舟，眾神將會守護。」我元神離體，緊緊追隨巨佛，深怕失去祂的蹤影。終於，祂停下腳步。「我們到了。」祂說。我怔怔望著，眼前甚麼也沒有，可是我曉得，這裡曾是多少代人類共同的故鄉。我看到眾神群聚於地球原來的軌道，然後就在一瞬間，我甚至來不及眨眼，新的地球便誕生了。靛青的海洋、敦實的陸地、像彩筆畫過般的雲流，在深黑色宇宙帷幕的映襯下，一顆藍色的星球正展示著生命的轉動和呼吸。我感動得不能自已，頹然跪地，伏在佛的腳前，高喊「師尊」。那累積於心中的多少淚水，也在此刻終於潰堤。

醒來後，我滿心歡喜，但這之中，卻又夾雜幾許的莫名惆悵。雖然難以解釋，但我就是知道，夢裡一切都是真的——佛法無邊，地球已經重造。我改變飛行船路徑，將座標設往地球。

終點即將抵達，旅程跟著就要結束，人們緊貼舷窗望著外頭，心底的忐忑不安溢於言表。隨著目的地的接近，人們終於望見，一顆蘊含藍色微光的圓點出現在視野盡頭。此時此刻，歷史的新頁已然翻開。我懷著虔誠的心，打開船上廣播，對人們低聲說話，像是一個儀式：「地球到了，接下來的行程，你們該自己決定。想要留在船上的人們，船上設備齊全，足以供應你們長期所需，重要的是，我們不論離開多久，對你們而言不過是短暫的時間，在你們看來，轉生的人們很快就會歸來。要隨我下世，在新的世界、新的土地，重新播下文明種子的人們，請收拾好你們的記憶和牽掛，我們即將轉生。」

編者註：因上一個地球的語言與目前我們所在的地球的語言的不同，作者借用了這次地球類似的語言來表達一些概念，如：——「轉輪佛法科技研究中心」、強子彈、物種DNA、方舟，等等。

# 《外星生命大揭密》

作者：陳松齡
編輯：黃蘭亭
美術編輯：吳姿瑤
諮詢顧問：胡乃文、許凱雄、簡淑惠
出版：博大國際文化有限公司
電話：886-2-2769-0599
網址：http://www.broadpressinc.com
台灣經銷商：采舍國際通路
地址：新北市中和區中山路 2 段 366 巷 10 號 3 樓
電話：886-2-82458786
傳真：886-2-82458718
華文網網路書店：http://www.book4u.com.tw
新絲路網路書店：http://www.silkbook.com
規格：14.8cm ×21cm
國際書號：ISBN 978-000-00000-0（平裝）
定價：新台幣 250 元
出版日期：2017 年 3 月

# 《外星生命大揭密》

作者：陳松齡
編輯：黃蘭亭
美術編輯：吳姿瑤
諮詢顧問：胡乃文、許凱雄、簡淑惠
出版：博大國際文化有限公司
電話：886-2-2769-0599
網址：http://www.broadpressinc.com
台灣經銷商：采舍國際通路
地址：新北市中和區中山路 2 段 366 巷 10 號 3 樓
電話：886-2-82458786
傳真：886-2-82458718
華文網網路書店：http://www.book4u.com.tw
新絲路網路書店：http://www.silkbook.com
規格：14.8cm ×21cm
國際書號：ISBN 978-986-92642-4-2（平裝）
定價：新台幣 250 元
出版日期：2017 年 3 月

國家圖書館出版品預行編目（CIP）資料

外星生命大揭密 / 陳松齡著 .
-- 臺北市：博大國際文化，2017.03

面：14.8 x 21 公分
ISBN 978-986-92642-4-2（平裝）

1. 外星人 2. 不明飛行體 3. 奇聞異象
326.96 106003930